建筑电气工程师技术丛书

建筑广播电视系统

芮静康　主　编

田慧君　张燕杰　谭炳华　副主编

中国建筑工业出版社

图书在版编目（CIP）数据

建筑广播电视系统/芮静康主编. —北京：中国建筑
工业出版社，2006
（建筑电气工程师技术丛书）
ISBN 7-112-08756-2

Ⅰ. 建... Ⅱ. 芮... Ⅲ. 智能建筑-电视广播系
统 Ⅳ. TU85

中国版本图书馆 CIP 数据核字（2006）第 095428 号

建筑电气工程师技术丛书
建筑广播电视系统
芮静康 主 编
田慧君 张燕杰 谭炳华 副主编

*

中国建筑工业出版社出版、发行（北京西郊百万庄）
新 华 书 店 经 销
霸州市顺浩图文科技发展有限公司制版
世界知识印刷厂印刷

*

开本：850×1168 毫米 1/32 印张：6 字数：170 千字
2006 年 11 月第一版 2006 年 11 月第一次印刷
印数：1—3000 册 定价：**13.00** 元
ISBN 7-112-08756-2
（15420）

本社网址：http://www.cabp.com.cn
网上书店：http://www.china-building.com.cn

广播电视系统是智能建筑的重要组成部分。本书对此作了全面、系统的介绍，实用性强。

本书内容包括：建筑有线广播系统、建筑有线电视系统、同轴电缆和光纤传输系统、建筑卫星电视与有线电视系统的施工等四大部分。图文并茂、通俗易懂、既有理论，又有实践。

本书可供宾馆、饭店、现代楼宇的工程技术人员、工矿企业的电气技术人员阅读，也可供有关大专院校师生教学参考。

* * *

责任编辑：刘　江　刘婷婷
责任设计：董建平
责任校对：张树梅　张　虹

编审委员会

4

前　言

随着国民经济的发展、智能建筑大量兴起，广泛应用新技术、新设备和新材料。建筑广播、电视系统是智能建筑的重要组成部分，也是工矿、企、事业单位必不可少的设备。我国的广播、电视事业发展飞速，其技术上的进步也非常巨大，光纤传输技术、数字电视得到了广泛的应用，在智能建筑中的广播、电视系统还有其自身的特点。

本书内容，第一章建筑有线广播系统，介绍了广播基本知识、广播设备和建筑广播系统的施工；第二章建筑有线电视系统，介绍了有线电视的组成、特点，有线电视设备；第三章同轴电缆和光纤传输系统，对同轴电缆及其网络，光纤、光缆及其传输系统作了详细介绍；第四章建筑卫星电视与有线电视系统的施工，重点介绍了施工要求和要点，卫星电视天线的安装、机房的施工，以及有线电视系统的安装和施工，实用性强，可供从事广播、电视系统的工程技术人员设计、选型、安装、调试、运行、维护时参照阅读和运用。

本书由芮静康任编审委员会主任，并兼任主编；由张燕杰、余发山、王福忠任副主任；由田慧君、张燕杰、谭炳华任副主编，其他委员和作者详见编审委员会名单。

由于作者水平有限，错漏之处在所难免，敬请广大读者和专业同仁批评指正。

目　录

第一章　建筑有线广播系统

第一节　广播的基本概念

一、声音的产生和传播

当喇叭纸盒振动时，使邻近的空气紧密或稀疏，这紧密和稀疏很快从一个空气层传到另一个空气层，空气振动形成的疏密状态很快地传播出去。当传到人们的耳朵里，使耳朵的鼓膜也振动起来，因而听到了声音。声音有反射的现象称为"声波的反射"，由于反射的回声作用，还会引起"混响"。

1. 声音的频率

声音的频率是一个重要的参数，它决定了声音的音调。人耳的听觉范围在 20～20000Hz 的频段内，声音的频率越高，音调越高；频率越低，音调越低。习惯上将 20～40Hz 之间的频率称超低音，50～100Hz 的频率称为低音，200～500Hz 的频率称为中低音，1000～5000Hz 的频率称为中高音，10000～20000Hz 的频率称为高音。

2. 声压和声压级

当声波在媒质中传播时，媒体的各部分产生压缩与膨胀的周期性变化。压缩时压强增加，膨胀时压强减少，变化部分的压强，即总压强与静压强的差值称为声压，声强的强弱只与瞬时声压有关，声压随时间变化。常用瞬时声压、峰值声压和有效声压来描写声波的特性，瞬时声压是瞬时总压强与大气压之差；峰值声压为某一时间间隔内的最大瞬时声压，有效声压是声压的均方

根值，常把有效声压简称为声压，用 P 表示，单位是帕（Pa）

$$P = \rho \cdot C \cdot v$$

式中　ρ——媒质密度；

　　C——声波的传播速度；

　　v——质点运动速度；

　　ρC——又称声阻率。

由此可以看出，声压 P 和质点运动速度 v 成正比。

韦伯定律指出：人耳对声音强弱的听觉，与声压的对数成正比，在实际应用中，声压常以声压级表示，即

$$L_{\mathrm{p}} = 20\lg\frac{P}{P_0}$$

式中　L_{p}——声压级；

　　P——声压（Pa）；

　　P_0——参考基准声压（$P_0 = 0.00002\mathrm{Pa}$）。

3. 声功率、声强

（1）声功率

单位时间内向外辐射的总声能称为声功率，单位为瓦（W）。

（2）声强

单位时间内通过与指定方向垂直的媒质单位面积的声能量称为声强，用 I 表示。

4. 声级

指定的时间计权和频繁计权所测得的某一给定声压的分贝数，称为声级。用 A 计权网络测得的声压级为 A 声级，放声系统中的本底噪声用 A 声级表示。

5. 声音的传播特性

声音的传播特性有：声速、衰减特性、反射与绕射、声波的吸收、声波的干涉等。

二、立体声

我们聆听到层次分明、具有方位感和深度感的声音效果，就

是通常所说的立体声。这是由于人的双耳具有听觉定位的能力，进而能判断声源位置的缘故。

声音可以由声波传到人的两耳时所具有的声级差、相位差、音色差来区别，声级差、相位差、音色差是听觉定位的三大要素。通常，随着声音频率的升高，双耳产生的相位差也随之增加。声波在双耳间产生的相位差，可以作为低频和中频定位的重要依据，声级差可以作为高频定位的主要依据。适当改变两个扬声器之间的声音差异，就能获得需要的声象位置，这就为声音的立体声重放创造了条件，现代双声道立体声重放技术就是根据这一原理发展起来的。

双声道立体声系统的拾声方法，有 AB 制、XY 制、MS 制、假人头制、多传声器制等。立体声广播制式有频率分割制、时间分割制和方向分割制。导频制立体声解调电路根据其原理的不同，有矩阵式解调电路，时间分隔式解调电路（或称开关式）等形式。

导频制立体声复合信号的频谱可表示为

$$u=(L+R)+(L-R)\cos\omega_s t+P\cos\frac{\omega_s}{2}t$$

式中　ω_s——副载波角频率；

　　　P——导频信号幅值；

　　$\omega_s/2$——导频信号角频率。

由上式可以看出，立体声信号由三部分组成：

① 左、右信号的和信号；

② 左、右信号的差信号；

③ 19kHz 的导频信号。

调频立体声广播的发射机和接收机框图，见图 1-1。

三、调幅广播和调频广播

调制过程可以按照图像或者声音信号的变化来改变高频电流

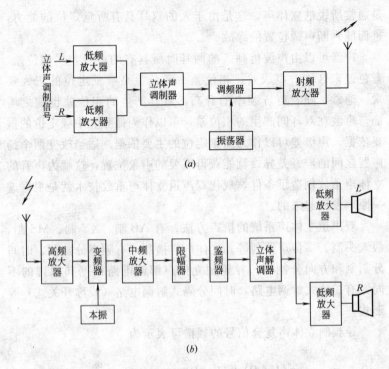

图 1-1 调频立体声广播发射机和接收机框图

(a) 发射机; (b) 接收机

的幅度、频率或相角, 分别叫做调幅、调频和调相。

1. 调幅

高频载波的波形, 见图 1-2。

图像和声音的低频信号波形, 见图 1-3。

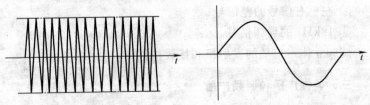

图 1-2 高频载波的波形　　图 1-3 图像和声音的低频信号波形

调幅以后，载波波形的"包迹"与图像或声音的低频信号波形相同，也即载波的频率不变，而其幅度随着低频信号的变化而变化。见图1-4。

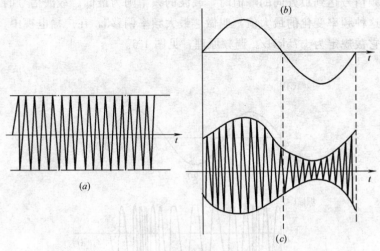

图 1-4 调幅波形的产生

(a) 载波；(b) 低频信号；(c) 调幅后的载波

调幅方式又有正极性和负极性之分，我国标准规定图像信号采用负极性调制，见图1-5。

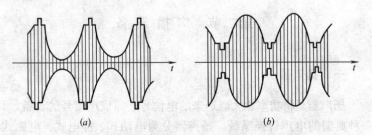

图 1-5 正、负极性调制

(a) 负极性调制；(b) 正极性调制

2. 调频

在调频方式中，载波信号的振幅是不变的，但其频率则随低频信号的强弱而变化。当低频信号的振幅向正方向摆动时，载波的频率就逐渐增加，低频信号最大时，载波的频率亦为最高。当低频信号的振幅向负方向摆动时，载波的频率逐渐下降，而当低频信号达到负方向的峰值时，载波的频率则为最低。载波信号的这种频率变化的最大值，叫做"最大频率偏移"，在广播电视中，它被规定为 $\pm75\text{kHz}$。调频原理，见图 1-6。

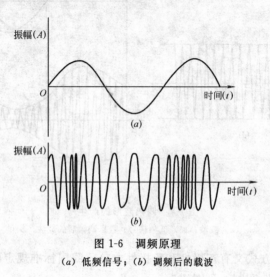

图 1-6　调频原理

（a）低频信号；（b）调频后的载波

第二节　广 播 设 备

一、扬声器

扬声器是将功率放大器送来的电信号还原成声信号的设备，是一种典型的电声转换系统。扬声器分为电动式、静电式、电磁式、电压式、气流调节式和离子式等多种，其中电动式扬声器应用最广。

1. 扬声器系统的选择原则

扬声器的选用要根据使用场所、厅堂的容积、音质指标等要求进行。

2. 扬声器的技术指标如下：

（1）指向特性：指向特性包括指向性图、指向性因数、指向性增益等，是计算电声功率和声场均匀度的主要依据；

（2）灵敏度：扬声器的灵敏度是在其轴线上 1m 处测出的平均声压，一般用平均灵敏度（dB/1m、1VA）表示，是计算观众厅平均声压级和扬声器功率的重要依据；

（3）共振频率、分频频率和频率响应：共振频率为扬声器在低频端机电系统发生共振的频率，可近似认为是声音重放的下限频率，是设计频响特性下限频率的依据；分频频率为交叉频率，是扬声器组合系统分频总选取的主要依据；频率响应是选择高、中、低音扬声器的依据。

（4）品质因数 Q_0：扬声器的品质因数表示扬声器共振时的阻尼程度，反映扬声器的瞬态特性即发声的清晰程度。

（5）功率和效率：扬声器的额定功率是指扬声器能承受而不致引起过热和机械性过负荷的交流电功率，选用时加给扬声器的电功率不能超过额定功率，以免产生失真和损坏扬声器。扬声器效率是扬声器的声功率与输入功率之比。一般纸盒扬声器的效率为 0.2%～2%（直径为 130mm 左右），2%～6%（直径为 200～300mm），号筒式扬声器的效率为 5%～20%。

扬声器功率的估算：

扬声器服务的最远距离如下式：

$$D_m \leqslant 3D_c$$

其中

$$D_c = 0.1\sqrt{\frac{QV}{\pi T}}$$

式中　D_m——扬声器最远服务距离（m）；

D_c——临界距离，又称混响半径（m）；

Q——扬声器的指向性因数；

V——观众厅的体积（m³）；

T——混响时间（s）。

估算扬声器的电功率，一是为了选择扬声器，二是为了选择功率放大器。其估算方法有多种，这里根据扬声器的指向特性、灵敏度、房间常数等参数进行估算如下：

1）确定房间常数：

$$R = \frac{S\,\bar{\alpha}}{1-\bar{\alpha}}$$

$$T = 0.164\,\frac{V}{S} \cdot \frac{1}{2}$$

式中　R——房间常数（m^2）；

　　　S——观众厅表面积（m^2）；

　　　$\bar{\alpha}$——平均吸声系数。

一般当 $T = 1.2 \sim 1.4s$ 时，平均吸声系数可取 $\bar{\alpha} = 0.16 \sim 0.18$。

2）估算指向性因数：

$$Q = \frac{180}{SV_n^{-1}\left(\sin\frac{X}{2} \times \sin\frac{B}{2}\right)}$$

式中　Q——指向性因数；

　　　X——扬声器的垂直指向角度；

　　　B——扬声器的水平指向角度。

3）求距离声源的 $r\,m$ 相当于 1m 处声压级的衰减量：

$$\Delta L_p = 10\lg\left(\frac{Q}{4\pi r^2} + \frac{4}{R}\right) - 10\lg\left(\frac{Q}{4\pi} + \frac{4}{R}\right)$$

式中　ΔL_p——衰减量 dB。

4）求需要扬声器的功率：

$$P = 10^{0.1[LP_m - (LP_V - \Delta L_p)]}$$

式中　P——扬声器的电功率；

　　　LP_m——观众厅要求的平均最大声压级，取 153dB；

　　　LP_V——扬声器的平均特性灵敏度，取 115dB/m · va。

（6）阻抗特性：扬声器的阻抗是在输入端测得的交流阻抗，它随频率而变，一般系指在 400Hz 时测得的阻抗。扬声器阻抗是功率放大和扬声器匹配的依据。纸盆扬声器的阻抗一般为：4Ω、8Ω、16Ω、25Ω 等几种；号筒扬声器的阻抗一般为：4Ω、8Ω、16Ω 等几种。

3. 常用扬声器的性能指标

（1）户内外广播音箱的性能指标：见表 1-1。

户内外广播音箱性能指标　　　　　表 1-1

型号	T-710	T-710B	T-710C	T-750
额定/最大功率（W）	10/15	10	40	80/100
输入电压（V）	70/100	100	100	70/100
灵敏度（dB）	98	103	102	90
频率响应（Hz）	200～12000	250～8000	250～8000	70～10000
开孔尺寸（mm）	366×324×250	390×400	168×278×210	410×480×220
重量（kg）	3.6	4	2.5	16
型号	T-740B	T-730	T-710E	T-720
额定/最大功率（W）	25	15/25	15	15/20
输入电压（V）	100	70/100	定阻	70/100
灵敏度（dB）	93	95	101	93
频率响应（Hz）	250～8000	70～12000	300～8000	120～16000
开孔尺寸（mm）	285×227×227	φ230×270	71×60×60	283×234×256
重量（kg）	3.8	4.2	2.2	3.2

（2）各类草地音箱

1）特点：

采用全频喇叭，还原声音清晰明亮外壳由玻璃纤维复合材料制造，防水而又坚固耐用形态逼真，与园林景观浑然天成。实为人们享受自然，欣赏美妙音乐的极佳选择。适用于学校、公园、广场等绿化场所。

2）性能指标见表 1-2。

各类草地音箱性能指标 表 1-2

型号	额定/最大功率 输入电压 频率响应 灵敏度	安装尺寸 （mm）	重量 （kg）	单位 （mm）
T-300J	25W/50W 70/100V 120-16kHz 96dB	385 190 220 390	12	690 395 190 220 370 390 高：330
T-300K	25W/50W 70/100V 120-16kHz 96dB	340 185 155 360	9.8	570 340 185 155 105 380 高：300
T-300L	15W/30W 70/100V 120-16kHz 96dB	200 100 175 220	9.8	340 200 100 175 240 220 高：485
T-300M	15W/25W 70/100V 120-16kHz 98dB	175 155 160 290	6	400 175 155 160 295 290 高：235
T-300N	15W/30W 70/100V 120-16kHz 96dB	170 195 175 185	7	290 170 195 175 290 105 高：290

型号	额定/最大功率 输入电压 频率响应 灵敏度	安装尺寸 （mm）	重量 （kg）	单位 （mm）
T-300P	15W/30W 70/100V 120-16kHz 98dB	215 175　155 175	6	185 215 175　155　200 175 高：390
T-300Q	15W/25W 70/100V 120-16kHz 96dB	155 135　150 195	7.5	200 155 135　150　205 190 高：440
T-300R	15W/25W 70/100V 120-16kHz 96dB	140 120　145 140	4	310 140 120　145　285 140 高：200
T-300S	15W/25W 70/100V 120-16kHz 96dB	175 110　135 150	4	300 175 110　135　285 150 高：200
T-300T	15W/25W 70/100V 120-16kHz 96dB	245 170　160 190	6	405 245 170　180　390 190 高：250
T-300U	15W/30W 70/100V 120-16kHz 96dB	196 130　155	4.8	250 195 190　155　205 高：235

（3）室内外各种音柱

1）基本性能：豪华型音柱这款音箱适合播放音乐及语音，具有卓越的频率响应和高效率性能。对人声、音乐都有还原真实的放大特性。采用70～100V变压器输入。

安装方式：壁挂式；

接线方法：COM 70V 100V；

室内外各种音柱性能指标　　　　　　　　表 1-3

型号	T-201	T-202	T-203	T-204
额定/最大功率(W)	10	20	30	40
输入电压(V)	100	100	100	100
灵敏度(dB)	88	91	93	96
频率响应(Hz)	170～13000	150～13000	150～13000	150～13000
尺寸(mm)	130×120×340	130×120×490	130×120×650	130×120×800
重量(kg)	2.5	3.3	4.7	5.3

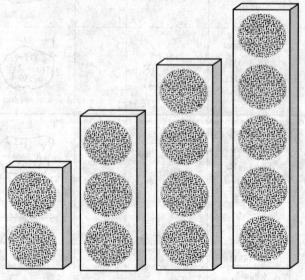

图 1-7　各种音柱外形图

木制外壳，适用于室内环境。

2）性能指标见表 1-3。

3）外形图见图 1-7。

（4）话筒系列性能指标见表 1-4。

话筒系列性能指标   表 1-4

性能＼型号	T-621	T-521	T-721A
阻抗(Ω)	600	600	500
灵敏度(dB)	−63	−62	−74
频率响应(Hz)	50～12000	50～13500	250～10000
尺寸(mm)	φ180×400	420×190×130	90×55×38
重量(kg)	1.4	1.4	0.17

（5）壁挂音箱性能指标见表 1-5。

壁挂音箱性能指标   表 1-5

型号	T-601	T-601S	T-601B	T-601C
额定/最大功率(W)	6/10	5/8	5/10	1/3
输入电压(V)	100	100	100	100
灵敏度(dB)	92	92	98	91
频率响应(Hz)	160～18000	160～18000	150～14000	130～13000
开孔尺寸(mm)	275×185×120	275×185×120	200×270×95	125×125×67
重量(kg)	1.2	1.2	1.5	0.42
型号	T-601D	T-601E	T-601F	
额定/最大功率(W)	6/10	10	10	
输入电压(V)	100	100	100	
灵敏度(dB)	93	95	95	
频率响应(Hz)	160～18000	110～13000	110～13000	
开孔尺寸(mm)	240×275×110	275×182×120	274×182×120	
重量(kg)	1.3	1.1	1.2	

（6）网络话筒系列——远程呼叫站 TW-012

1）产品特点：网络广播寻呼必选设备，结合 TW-5250S 可进行全方位广播，分区广播，对点广播，呼叫站与呼叫站之间能任意相互通话，如大于 1000m 加中继放大器使用。特点如下：

① 轻触式按键操作选取模式，英文功能提示界面，数码 LED 显示，一目了然；

② 向选程寻叫站控制器（TW-5250S）提交申请广播指令，结束广播；

③ 8 级话筒音量调节，百位选择输入分区、终端号。

2）性能指标如下：

型号：TW-012

电源：～220V±10％/50Hz

功耗：20W

灵敏度：−62dB

频率响应：20～2000Hz±3dB

标准通信协议：RS-422

标准通信接口：RJ45

尺寸：256×190×80mm

重量：2.6kg

二、扩音机

1. 扩音机的组成

扩音机是有线广播系统的重要设备之一。它主要是将各种方式产生的弱音频输入电压加以放大，然后送至各用户设备。扩音机上除了设有各种控制设备和信号设备外，主要是由前级放大器和功率放大器两大部分组成，如图 1-8 所示。小功率扩音机将前级放大器和功率放大器两部分合装在一台设备中，而大型扩音系统则将前级放大器和功率放大器分开为独立的前级放大器和功率放大器。前级放大器的功能是将输入的微弱音频信号进行初步放大，使放大的信号能满足功率放大对输入电平的要求。功率放大

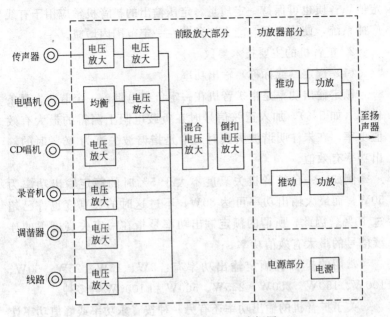

图 1-8　单声道扩音机组成框图

器的作用是将前级放大器取得的信号进一步放大，以达到有线广播线路上所需要的功率。功率放大器的输出功率可以从数瓦一直到数千瓦。

　　100W 以上的大功率扩音机多采用电子管和晶体管混合装置，其中功率放大部分常采用电子管，而前级电压放大部分和整流部分采用晶体管。目前，采用全晶体管、集成电路的小功率扩音机也为数不少，除前级采用晶体管或集成电路外，末级的功率放大部分也采用了大功率晶体管、大功率场效应管或厚膜电路组件等。

　　功率放大器的输出有定阻输出和定压输出两种。定阻输出的功率放大器输出阻抗较高，输入信号固定时，输出电压随负荷改变而变化很大。定压输出的功率放大器，由于放大器内采用了较深的负反馈装置，这种深负反馈量一般在 10～20dB，因而使输出阻抗较低，负荷在一定范围内变化时，其输出电压仍能保持一定值，音质也可保持一定质量。定压输出的扩音机常应用于有线广播系统，使用方便，能允许负荷在一定范围内增减。

2. 扩音机的主要技术参数

（1）额定（或标称）输出功率

额定输出功率是指扩音机在一定负载电阻，一定谐波失真条件下（如5％），加入正弦信号时在负载电阻上测得的最大有效值功率，在未注明谐波失真时通常是指谐波失真为10％时的输出功率有效值。

例如，一台扩音机失真度不大于5％时的额定输出功率为50W，而最大输出功率可达80W，不过这时的失真度也许已超过10％。因此，所谓的额定输出功率是指在一定失真度下的连续信号的最大有效值功率。

常用的扩音机额定输出功率有：5W、15W、25W、50W、100W、150W、250W、275W、500W和1000W等多种。

关于扩音机的输出功率还有另一种按音乐功率或峰值功率计量的方法，称为音乐功率或峰值音乐功率。音乐功率是指在一定的负载电阻上和一定的谐波失真条件下，输入模拟信号时在输出端测得的音乐功率和峰值音乐功率。用额定输出功率和音乐功率这两种方法测得的数据是不同的，可能相差8～10倍。扩音机的额定功率小于音乐功率，更小于峰值音乐功率。

对于礼堂、会场、剧院等公共场所，在电声设计中应根据厅堂的规模和扩声的音质标准选择扩音机。对于建筑物内的有线广播，达到正常响度所需的声功率并不很大，应根据建筑物本身的规模来确定扩音机功率的大小。不过建筑物内的广播不同于礼堂、会场、剧院等公共场所，设计中在计算功率时，应当充分考虑其本身的特征，以作出合理的选择和安排，还要考虑留有相当的裕度来选择。考虑裕度是为了扩声的质量达到较满意的效果，同时也能适应发展的要求，一般可以按下式计算：

$$P_{机} = K_1 \cdot K_2 \cdot P_{扬} \quad (W)$$

式中 $P_{机}$——扩音机输出总功率（W）；

$P_{扬}$——每分路同时广播时最大电功率（$P_{扬}=K_i \cdot P_i$）（W）；

K_i——第 i 分路的同时需要系数：

对于服务性广播，客房每套 K_i 取 0.2～0.4；

对于背景音乐系统，K_i 取 0.5～0.6；

对于业务广播，K_i 取 0.7～0.8；

对于火灾事故广播，K_i 取 1.0；

P_i——第 i 支路用户设备额定容量（W）；

K_1——线路衰减补偿系数，见表 1-6；

K_2——老化系数，一般取 1.2～1.4。

线路衰减补偿系数表　　　　　表 1-6

线路衰减(dB)	1	2	3	4
K_1	1.26	1.58	2.00	2.51

　　有线广播扩音机应设备用功率放大器，其备用数量应根据广播的重要程度确定。备用功率放大器应设自动或手动切换环节。用于重要广播的环节，备用功率放大器平时处于热备用状态。

　　（2）动态范围

　　扩音机输出最强和最弱的声音间的声压比，即声音强度变化的范围称扩音动态范围。即：

$$动态范围\ N=20\lg\frac{P_{max}}{P_{min}}\ （dB）$$

　　一般在话筒前讲话或演奏乐器产生的最大声压为 90dB，最小声压为 35dB。这样声源的声压范围即为 55dB。为了保持声源的声压范围不因经扩音后有较大的影响，扩音设备应满足一定的扩音动态范围。对高质量扩音设备，要求动态范围一般不小于 55dB，最小值应为 25～30dB。如果动态范围太小，经过扩音后的声音使人感到平淡、呆板、不逼真。

・ 17 ・

（3）频率响应

频率响应是指扩音设备对声源发出的各种声音频率的放大性能（响应程度），是衡量扩音机在电信号放大过程中对于原音音色的失真程度，一般以不均匀度为±2dB响应范围内的频率宽度作为频响指标。

为了保持扩声后的音色自然和语言清晰，要求扩音设备对各个频段的声音尽量具有同样的放大性能。如果高频放大不够，就会使人有暗哑不清的钝音感觉；如果低频放大不够，就会听到不悦耳的啸叫声和咝咝声。对要求质量优良的高传真扩音机，在20Hz～20kHz范围内的频率响应一般不超过中频段800Hz的响应值±1dB；对于一般频率响应在80Hz～7kHz时，如果≤±2dB，就可以认为扩音质量是满意的。

（4）失真度（或称非线性畸变）

失真度表明谐波失真的程度。产生原因是声源的音频信号经过扩音后音频波形上加入了谐波成分，谐波成分的幅度越大，非线性畸变越严重。

一般用途的扩音机，在规定频率响应范围内，频率失真度要求不大于6%～8%，而高传真的扩音机则在40Hz～16kHz频率范围内，其失真度可以达到<1%的指标。

人耳所能觉察到的失真度和频带宽度有关。对于100Hz～5kHz频带内的扩音系统，4%的失真度可以刚刚被有经验的人觉察，而对40Hz～16kHz的宽频带扩音系统，人们可以觉察到1%的失真度。

（5）噪声

衡量扩音机的噪声指标是用噪声电平或信噪比来表示的。

$$噪声电平 = 20\lg\frac{噪声电压}{信号电压}\ (dB)$$

$$信噪比 = 20\lg\frac{信号电压}{噪声电压}\ (dB)$$

式中 信号电压——扩音机的额定输出电压（V）；

噪声电压——扩音机的电热噪声电压（V）。

由于噪声电压总是比额定输出电压小，所以噪声电平的分贝值是负的，而信噪比是正值。

一般用途的扩音机要求信噪比为 40～60dB，而高传真扩音机要求信噪比要≥84dB。

（6）扩音机输入

扩音机的电路是根据输入电压的大小来设计的，每一种扩音机都有规定的输入电压要求。过大的输入电压将引起放大器过载失真，过小的输入电压意味着传声器输入灵敏度低，结果放大后使相对噪声增大，或者是音量较低。

扩音机的输入信号由传声器、电唱机、收录机和特殊"线路"等产生，信号输入连接应考虑阻抗匹配和输入电压等问题。表 1-7 列出国内一般扩音机各通道的输入参数。

国内扩音机各输入通道参数表 表 1-7

输入通道	阻抗	输入电压（mV）	输入电平（基压 0.775V）	线路输入插孔形式
传声器	≥20kΩ	≤10	≤−38dB	不平衡式
	≥300Ω	≤1	≤−58dB	平衡或不平衡式
拾音（唱机、录音机）	≥100kΩ	≤200	≤−11.5dB	不平衡式
线路	600Ω	≤775	≤0dB	平衡或不平衡式

注：输入电平 $= 20\lg \dfrac{\text{输入电压（V）}}{0.775}$ （dB）

（7）扩音机的输出

扩音机的输出形式有定阻抗式和定电压式两种。

1）定阻抗输出的扩音机是老式产品，特点是输出阻抗较高，当输入信号固定时，输出电压随负载阻抗而变，影响输出信号导致非线性失真。因此，定阻抗输出要求实现阻抗匹配，以提高传输效率，负载变化时需要连接假负荷以保持平衡，使用上不够方便，但价格较低，频率响应范围中等，故在使用变化不大的中小型扩声系统中较多采用。

定阻抗式扩音机的输出功率有 25W、50W、80W、100W、150W 等几种；对于频率响应，输出功率较小者为 200Hz～4kHz，输出功率较大时为 80Hz～8kHz；输出阻抗在 100W 以下有 4Ω、8Ω、16Ω、32Ω、250Ω 等几种，大于 100W 时有 100Ω、150Ω、200Ω、250Ω 等几种。

2）目前新产品基本都是定电压式。定电压扩音机在末级输出电路中设有较深的负反馈。输出内阻低，其输出电压及失真度受负载变化影响甚小，因而可容许负载在一定的范围内增减，以便于扬声器的连接。因此，选择扩音机的输出形式时应该尽可能采用定电压式。

定压式扩音机的输出功率常有 50W、80W、100W、150W、275W、300W、500W、2×275W、2×300W、2×350W、4×250W 等几种；频率响应范围在 150W 以下为 150Hz～6kHz，大于 150W 时为 100Hz～1kHz；输出电压在 150W 以下有 20V、120V 等几种，大于 150W 时有 120V、240V 等几种。

3. 扩音机特点、性能指标

（1）台湾高晖 WMA-268B 便携式扩音机

1）特性：

WMA-268B 乃是可充电式无线扩音机，一次充满可连续使用 6 小时，交直流两用，适合教室内教学或课外活动使用。有 22W 喇叭输出功率。采用 SMT 制程及微电子零件 SMD，最佳品质，最高稳定度、故障率少。超高选择性电路设计、电波强度准位静音控制、有 200 个频道可供选择，在校园内不会因为多机同时使用而有同频道相互干扰之情况发生。原厂配备领夹式无线麦克风（可选购手握无线麦克风），其领夹麦克风具有超高灵敏度设计，置于胸前远离嘴巴 30cm 仍正常发音。本机型采用石英锁定振荡，频率不会飘移。学校教学或公司行号简报皆适用。最佳外形设计专利，隐藏式发射器存放空间。主机后面备有 Mic in 插孔；可插上有线麦克风同时使用。又有 Signal Out 插孔；输出声音以供录音或大型广播之用。

2）性能指标：

产品型号：WMA-268B；

频率范围：VHF160～270MHz；

电源：AC110V/220V；

输出功率：22W；

体积：21cm(W)×29cm(H)×12cm(D)；

重量：2.7kg

接收机：领夹式无线麦克风；手握无线麦克风

调变方式：频率调变

发射功率：10mW；10mW

灵敏度：<10dBμV

稳定度：±0.005%（石英锁定）；±0.005%（石英锁定）

振荡方式：石英锁定振荡

音调控制：有高低音控制

中间频率：10.7MHz

偏移度：+/−20kHz；+/−20kHz

T. H. D：低于 0.1%

谐波抑制：低于载波 40dB 以上

低于载波：40dB 以上

输出功率：22W（R. M. S）

使用电池：9V 电池×1（8 小时）；1.5V 电池×2（16 小时）

充电装置：充满自动断电

消耗电流：<30mA；<40mA

（2）SY-916 无线扩音机

1）综述：SY-916 是新开发的专利产品，是集无线收、发、扩音、磁带录放、内置充电电池、交直两用等多功能于一体的手提式教学扩音机，具有以下特点：

① 宽带调制、压缩扩展、音码场强双静噪；

② 选用优质高档长寿型电控机芯；

③ 采用数字回响电路；

④ 省电。发射器采用 AA1.5VX2 节电池供电。两节普通碳性电池，发射器可连续工作 8～12 小时，两节碱性电池，发射器可连续工作 40～70 小时。(不同厂家生产的电池容量有差异)；

⑤ 长寿型电控机芯/交流抹音/单声道录放。

2) 性能指标：

有线无线回响功能：最大回响时间：200ms

频率范围：(200～260)MHz (35 个频道)

音频频响：(40～12000)Hz

动态范围：110dB

工作温度：0～45℃

有效距离：开阔地半径≥50m

音频失真：≤1% 发射单元；

音头形式：背极式电容

频率响应：100～10000Hz

调制方式：FM 调频

频偏：±75kHz

功率：3～20mW

电源：LR61.5V×2

消耗电流：≤35mA

稳频方式：晶振锁相　接收单元：

接收方式：外差式

灵敏度：15～20dBμV

信噪比：88dB

高低音调节功能：±10dB

音频功率：50W (峰值)

电源：220V 50Hz/110V 60Hz

外接电源：DC (直流) 12V

内置蓄电池：DC12V 2A

（3）SY-919 壁挂式无线扩音机

1）综述：SY-919 是专为学校、培训机构而设计的挂壁式有线、无线两用授课系统。该系统采用晶振锁相超高频电路，音三场强双静音技术，先进的压扩电路和声表技术综合设计而成。特点如下：

① 功能齐全：

A. 有线麦克风输入

B. 录音输出

C. CD 线路输入

D. 20WX20W 音频功率（峰值 50W）输出

E. 混响延时功能

② 发射器采用 1.2V 配套充电电池。电池消耗费用低。

③ 讲话软松入咪，先进的宽带调制锁相技术，音频解析力特别好，在 20～50cm 具有良好的拾音效果；有线无线回响功能。

2）性能指标：

最大回响时间：200ms

频率范围：200～260MHz（35 个频道）

音频频响：40～12000Hz

动态范围：110dB

工作温度：0～45℃

有效距离：开阔地半径≥50m

音频失真：≤1% 发射单元；

音头形式：背极式电容

频率响应：100～10000Hz

调制方式：FM 调频

频偏：±75kHz

射频功率：3～20mW

电源：LR6 1.5V×2

消耗电流：≤35mA

稳频方式：晶振锁相　接收单元：

接收方式：外差式

灵敏度：15～20dBμV

信噪比：88dB

高低音调节功能：±10dB

双声道输出：30×30W（峰值）

电源：220V 50Hz/110V 60Hz

（4）SY-8912 无线扩音机

1）综述：SY-8910/8912 便携移动无线扩音器是集无线麦克风、功放、音箱等功能于一体的产品。适用于企业流动现场培训、参观时现场移动扩音，还可广泛应用于商场、超市、流动铺面的现场促销扩音及健身活动，文艺表演等场合扩音。SY-8912 特有备用蓄电池。接收、发射、功放一体化。

2）性能指标：

静音方式：音码、场强双静噪

稳频方式：石英琐相环

工作频率：190～220MHz

音频响应：40～13000Hz

动态范围：110dB

工作温度：0～45℃

有效工作距离：半径 30～120m

总体音频失真：＜1％＞

内置蓄电池：SY-8910 无

（12V 1.3AH）SY-8912 有

3）接收器（含功放）技术参数：

工作频段：190～220MHz

接收灵敏度：15～20dBμV

高低音调：±10dB

频率稳定度：0.005％

信噪比：＞88dB

音频输出功率：50W（峰值）

MIC 输入：要求输入≤100mV

录音输出：输出≤75mV

工作电压：220V/50Hz

外接直流电压：DC 12V 发射器规格、技术参数：

工作频段：190～220MHz

调制方式：FM 宽带调制

调制频偏：±75K

频率稳定度：0.005%

射频功率：≤10mW

音头形式：背极式电容

天线：完全隐蔽式

电池：（3V）LR6 1.5×2 节

电流消耗：≤45mA

连续工作时间：劲量碱性电池（仅供参考）可用 60～70 小时

（5）SY-68 便携式无线扩音机

特点：体积小，携带方便；

最大功率：5W；

电池供电：6×1.5V；

内置充电电路；

头戴咪灵敏度：50dBμV；

适合导游、博物馆、幼儿园教师等使用。

（6）合并式带前置广播扩声机 T-60/120/240/350

设有 5 个输入通道，每一通道均可独立调校音量，统一音量控制；第一话筒具有最高优先，有强切入优先功能；定压、定阻输出，100V，70V，4～16Ω；2 个紧急输入具有二级优先，强行切入优先功能；2、5 通道附设有线路信号辅助输入接口功能；机器异常工作保护警告功能。

其工作原理见图 1-9。

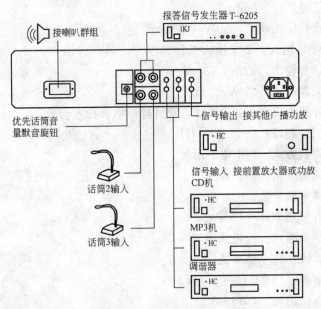

图 1-9　合并式带前置广播扩声机 T-60/120/240/350 工作原理图

（7）雅马哈数码家庭影院扩音机 DSP-Z9

9 声道大功率家庭影院扩音器（250W×7＋70W×2，总功率输出最大 1890W）；

最小 RMS 输出功率（8Ω，20Hz～20kHz，0.04％ THD，FTC）；

前置主声道：170W＋170W；

前中置声道：170W；

后置声道：170W＋170W；

后环绕声道：170W＋170W；

前置环绕声道：50W＋50W；

多模式数字音场：Dolby ProLogic/Dolby ProLogic Ⅱ/Dolby ProLogic Ⅱx 解码器；

Dolby Digital/Dolby Digital EX 解码器；

DTS/DTS ES Matrix6.1，Discrete 6.1 解码器；

DTS Neo：6/DTS 96/24 解码器；

THX Select/THX Ultra2；

CINEMA DSP：YAMAHA DSP 技术与 Dolby Pro Logic，Dolby Digital 或 DTS 的结合；

虚拟 CINEMA DSP；

寂静影院和深夜聆听模式等多种环绕声程序；

最新的雅马哈 32bt 大规模集成电路（YSS-930x4），信号处理能力提高 3 倍；

数码 ToP-ART（整体纯净音响再现技术）和高电流放大技术；

YPAO（雅马哈空间音响优化器）根据听音环境自动调整听音位置到最佳欣赏效果；

带有 GUI（图示使用界面）功能的专用遥控器，采用雅马哈视频显示处理芯片（YGV619）；

D/A 转换（全部声道，192kHz/24bt），同时兼容 DSD；

高钢性分离式机壳构造；

线性阻尼，阻尼因数 240（8Ω，$20\sim20000Hz$）；

对应 DVD-Audio 和 SACD 的宽频带的频率响应（CD，主声道，$10\sim100000Hz$，$0/-3dB$）；

整机采用精选的元器件；

Link（IEEE1394）兼容；

纯直通模式、直接模式和直通立体声模式，保持原信号的纯净度；

精确数码控制芯片（YAC-520，$+16.5\sim-82.5dB$，0.5dB 步距），兼顾音量微调和音量快速调整；

防共振底盘和机脚；

特厚（10mm）铝制前面板；

稳定的中央布局设计结构，完全电磁屏蔽的独立分层底盘；

3 向数码视频转换；

逐行扫描视频输出；

Faroudja 实景加强技术、Faroudja DCDiTM；

视频信号时间基准校正器；

216MHz/12bt 视频 D/A 转换；

RS-232C 界面；

A、B 或 A/B 扬声器组选择；

视频信号转换功能：可以将 S 端子视频信号和混合视频信号升级转换到分量视频信号；

31 种环绕声程序（55 种模式）音频延迟调整人声同步；

A/D 转换（96kHz/24/bt）；

数码输入（8 路光纤输入/4 路同轴输入），数码输出（3 路光纤输出）；

6 路色差视频信号输入端子，2 路高清晰电视（HDTV-720p/1080i）兼容色差视频监视器输出端子；

8 路 A/V（包括 S-视频）和 4 路音频输入端子，3 路 A/V（包括 S-视频）和 2 路音频输出端子；

9 声道预输出端子。

4. 前置放大器

（1）前置放大器的功能是将输入的微弱音频信号进行初步放大，使放大的信号能满足功率放大对输入电平的要求。

（2）前置放大器性能指标

1）T-6240 八进八出前置信号放大器

设有 8 组独立输入、输出放大通道，每一通道均可独立调校音量；

1 组话筒输入，独立调校音量，任意选择 8 组输出、LED 指示；

具有 8 组（区）任意寻呼功能，LED 指示；

话筒输入具有最高优先，强行切入优先功能。当有紧急音频信号输入时更有自动切入优先功能；

2 组紧急输入具有二级优先、当有紧急音频信号输入时自动切入优先功能及紧急音频信号。

2）T-6201 型前置放大器

① 有 12 个输入通道：包括 5 路话筒；3 路线路口；4 个紧急接口；

② 第 5 个话筒具有最高优先、强行切入优先功能；

③ 每个通道均可独立调校音量，统一音量控制；

④ 4 个紧急输入具有二级优先，强行切入优先功能；

⑤ MIC 1、2、3、4、5 通道附设有线路辅助输入接口功能。

5. 功放级

（1）功率放大器的作用是将调音台或其他音频处理设备送出的信号进行放大以推动音箱的工作。主要有定阻输出和定压输出之分。功率放大器的输出功率可以从数瓦至数千瓦。

（2）功率放大器的选择原则

歌舞厅音响系统的一个重要特点是要求强劲的输出功率，因此，对于歌舞厅等厅堂，应有充分的功率储备，用以确保音乐的高峰信号不致被削波。

功率放大器的重要技术性能如下：

1）额定输出功率：指一定失真度下的最大输出功率（W）。

2）频率响应特性：

一般以均匀度为 $\pm 2\mathrm{dB}$ 响应范围内的频率宽度作为频响特性指标，它标志着功率放大器对于原音音色的失真程度。

3）失真度：

常指谐波失真的程度。一般用途的功率放大器，在规定频响范围内，频率失真度要求不大于 6%～8%。高传真功率放大器在 40～16000Hz 频率范围内，其失真度可达到小于 1% 的指标。

4）噪声电平或信号噪声比：

$$噪声电平 = 20\lg\frac{噪声电压}{信号电压}\mathrm{dB}$$

$$信号噪声比 = 20\lg\frac{信号电压}{噪声电压}\mathrm{dB}$$

式中　信号电压——功率放大器的额定输出电压（V）；

噪声电压——功率放大器的电热噪声电平（V）。

一般用途的功率放大器要求信号噪声比不小于 40～60dB，高传真功率放大器可超出 48dB。

5）功率放大器的输入、输出形式：

功率放大器的输入信号源有传声器、电唱机、收录机和特殊"线路"等，信号输入连接应考虑阻抗匹配和输入电压等级等问题，表 1-8 列出国内一般功率放大器的输入参数。

国内功率放大器输入信号参数　　　　　表 1-8

输入通道	阻抗	输入电压（mV）	输入电平（基压 0.775V）	线路输入插孔形式
传声器	≥20kΩ	≤10	≤−38dB	不平衡式
	≥60kΩ		≤−58dB	平衡或不平衡式
拾音（唱机、录音机等）	≥100Ω	≤200	≤−11.5dB	不平衡式
线路	≥600Ω	≤775	≤0dB	平衡或不平衡式

功率放大器的输出形式有定阻抗式和定电压式两种，目前所用的新产品基本都是定电压式。

（3）功率放大器的选型方法和步骤

一般地说，要求功放的功率余量（好功率储备量），在语言扩声时为 5 倍以上；音乐扩声时为 10 倍以上，亦即需给出 100dB 左右的安全余量。

1）对于功能单一的卡拉 OK 歌厅，功率放大器的功率仅用 100W 至数百瓦左右就足够了，主要要求是其保真度，频响和信噪比等的指标要高。

2）对于高档歌舞厅的音响系统最大输出功率要十几倍或数十倍地高于正常扩声所需的功率。

（4）功率放大器的技术数据表

1）思美（SMITHS）系列专业功率放大器性能指标见表 1-9～表 1-10。

MA 系列专业功率放大器性能指标　　　　　表 1-9

型号	MA600	MA1200	MA2400	MA5000
输出功率 8Ω(立体声)RMS	250W×2	500W×2	600W×2	1020W×2
4ΩRMS	500W×2	800W×2	1200W×2	2200W×2
8Ω 单声道桥接 RMS	100W	1600W	2400W	4500W
频率响应	20Hz~20kHz；+0.1dB/−0.3dB(1W/8Ω)			
谐波失真	<0.01%			
转换速率	40V/μs	40V/μs	50V/μs	60V/μs
阻尼系数	>400	>450	>500	>600
输入灵敏度	0.775V(0dB)			
输入阻抗	20kΩ 平衡式；10kΩ 非平衡式			
信噪比	−103dB			
操作面板显示	信号指示，削波指示，保护指示，工作指示			
电压要求	AC220~240V/50Hz			
最大电源消耗	8A	12A	15A	20A

MX 系列专业功率放大器性能指标　　　　　表 1-10

型号	MX1200	MX2200	MX3200	MX5200
输出功率 8Ω(立体声)RMS	450W×2	550W×2	700W×2	1000W×2
4ΩRMS	700W×2	900W×2	1250W×2	1700W×2
8Ω 单声道桥接 RMS	1200W	1600W	2000W	3000W
频率响应	20Hz~20kHz；+0.1dB/−0.3dB(1W/8Ω)			
谐波失真	<0.01%			
转换速率	40V/μs	40V/μs	50V/μs	60V/μs
阻尼系数	>400	>450	>500	>600
输入灵敏度	0.775V(0dB)			
输入阻抗	20kΩ 平衡式；10kΩ 非平衡式			
信噪比	−103dB			
操作面板显示	信号指示，削波指示，保护指示，工作指示			
电压要求	AC220~240V/50Hz			
最大电源消耗	8A	12A	15A	20A
功放保护	开机保护，电源软启动，输出直流，过流，短路，温度保护等			
冷却系统	智能温控风扇			
输入连接器	卡依插座；φ6.3 直插			
输出连接器	2 组接线柱及音箱专用输出座			四线接线柱

2）东月（TOYA）卡拉 OK 功放性能指标见表 1-11～表 1-12。

DSP 系列功放性能指标　　　　　　　　　　表 1-11

型号	OA-368	OA-168
标准规格		
放大器部分		
输出功率	100W+100W	
输入接口（灵敏度/阻抗）		
MIC	3mV/10kΩ	4.5mV/3.5kΩ
CD，AVX，TAPE	250mV/22kΩ	
BGM	250mV/22kΩ	
输出接口（输出电压/输出阻抗）		
PRE-OUT	2V/1kΩ	
频率特性		
MIC	20Hz～15kHz	+0/−3dB
音乐	20Hz～20kHz	+0/−3dB
音乐控制特性		
音乐用低音	±10dB(100Hz)	
高音	±10dB(15Hz)	
麦克风低音	±10dB(100Hz)	
高音	±10dB(10kHz)	
音谐调控可变范围	±2.5dB(15 段影像输入)	
（灵敏度/输出阻抗）	1V$_{p-p}$/75Ω	
电源部分与其他部分		
电源电压	AC 110V～120V 或 220V～240V 50Hz/60Hz	
耗电量	230W	
备用电源插座(最大 300W)	2	
外形尺寸(长×高×宽)	430×135×385(mm)	
重量	11kg	

RD 系列功放性能指标   表 1-12

型号	RD-960	RD-980
标准规格		
放大器部分		
输出功率	120W＋120W	
输入接口（灵敏度/阻抗）		
MIC	3mV/10kΩ	4.5mV/3.5kΩ
CD,AVX,TAPE	250mV/22kΩ	
BGM	250mV/22kΩ	
输出接口（输出电压/输出阻抗）		
PRE-OUT	2V/1kΩ	
频率特性		
MIC	20Hz～15kHz	＋0/－3dB
音乐	20Hz～20kHz	＋0/－3dB
音乐控制特性		
音乐用低音	±10dB(100Hz)	
高音	±10dB(100Hz)	
麦克风低音	±10dB(100Hz)	
高音	±10dB(100Hz)	
音谐调控可变范围	±2.5dB(15 段影像输入)	
影像输入（输出功率/输出阻抗）	$1V_{p-p}/75\Omega$	
影像输出（灵敏度/输出阻抗）	$1V_{p-p}/75\Omega$	
电源部分与其他部分		
电源电压	AC 110～120V 或 220～240V 50Hz/60Hz	
耗电量	230W	
备用电源插座（最大 300W）	2	
外形尺寸（长×高×宽）	430×135×385(mm)	
重量	11kg	

3）高雅（Hi-Bit）卡拉 OK 功放性能指标见表 1-13。

高雅（Hi-Bit）卡拉 OK 功放性能指标　表 1-13

型号	OA-X100G	OA-X200G
标准规格		
放大器部分		
输出功率	120W＋120W	18Ω
输入接口（灵敏度/阻抗）		
MIC	6mV/600Ω	4.5mV/3.5kΩ
CD,LD,AUX1,AUX2	300mV/22kΩ	
输出接口（输出电压/输出阻抗）		
PRE-OUT	2.5V/1kΩ	
总谐波失真	(1kHz－3dB)0.03％	
频率特性		
MIC	20Hz～25kHz	＋0/－3dB
音乐	20Hz～40kHz	＋0/－3dB
音乐控制特性		
音乐用低音	±10dB(100Hz)	
高音	±10dB(100kHz)	
麦克风低音	±10dB(100Hz)	
高音	±10dB(10kHz)	
音谐调控可变范围	±2.5dB,15 段影像输入	
影像输入（输出功率/输出阻抗）	$1V_{p-p}/25Ω$	
影像输出（灵敏度/输出阻抗）	$1V_{p-p}/25Ω$	
电源部分与其他部分		
电源电压	AC 110～120V 或 220～240V 50Hz/60Hz	
耗电量	185W	
备用电源插座（最大 100W）	1	
（最大 200W）	1	
外形尺寸（长×高×宽）	420×130×398(mm)	
重量	10.8kg	

4）声霸（SOUNDTOP）PT 系列专业功放性能指标见表 1-14。

声霸 (SOUNDTOP) PT 系列专业功放性能指标 表 1-14

型号	PT-8202	PT-8302	PT-8402
输入特性			
三组可选择增益	0.775U(dBV)/8Ω		
输入阻抗平衡/不平衡	20kΩ/10kΩ	20kΩ/10kΩ	20kΩ/10kΩ
输出特性			
立体声 8Ω	2×200W	2×300W	2×400W
立体声 4Ω	2×400W	2×600W	2×800W
单声道桥 8Ω	400W	600W	800W
单声道桥 4Ω	800W	1200W	1600W
频率响应：+/−0.1dB	20Hz～20kHz	20Hz～20kHz	20Hz～20kHz
总谐波失真(THD) 20Hz～1kHz	＜0.025％	＜0.025％	＜0.025％
1Hz～20kHz	＜0.15％	＜0.15％	＜0.15％
信噪比 A 计权	＞105dB	＞105dB	＞105dB
散热方式	变速直流风机散热		
保护电路			
开机保护	√	√	√
负载短路保护	√	√	√
过热保护	√	√	√
直流保护	√	√	√
电流保险线保护	√	√	√
体积(mm)	483×125×415	482×125×415	482×125×415
重量(kg)	17.5	19.5	21.5

5）聚宝专业功放系列（B 系列功放）性能指标见表 1-15。

聚宝专业功放系列（B系列功放）性能指标　　表 1-15

型号	450B	650B	900B	1200B	1500B	1800B
输入阻抗	30kΩ	30kΩ	30kΩ	30kΩ	30kΩ	30kΩ
频率响应	20Hz～20kHz	20Hz～20kHz	20Hz～20kHz	20Hz～20kHz	20Hz～20kHz	20Hz～20kHz
输入灵敏度	0dB	0dB	0dB	0dB	0dB	0dB
地压增益	35dB	36dB	37dB	38dB	39dB	40dB
阻尼系数	1000	1000	1000	1000	1000	1000
信噪比	＞100dB	＞100dB	＞100dB	＞100dB	＞100dB	＞100dB
总谐波失真	＜0.05％	＜0.05％	＜0.05％	＜0.05％	＜0.05％	＜0.05％
平均功率(8Ω)	250W	300W	350W	425W	475W	550W
平均功率(4Ω)	2×350W	2×450W	2×550W	2×650W	2×750W	2×850W
桥接模式(8Ω)	700W	850W	1050W	1250W	1500W	1750W
电源	AC220V,±10％,50～60Hz					
尺寸(mm)	483×88×400					
重量	23.5kg	24kg	24.5kg	25kg	25.5kg	26kg

6）特宝专业功放系列性能指标见表 1-16。

特宝专业功放系列性能指标　　表 1-16

型号	T-700	T-900	T-1100	T-1300	T-1500	T-1700
输入阻抗	30kΩ	30kΩ	30kΩ	30kΩ	30kΩ	30kΩ
频率响应	20Hz～25kHz	20Hz～25kHz	20Hz～25kIIz	20Hz～25kHz	20Hz～25kHz	20Hz～25kHz
输入灵敏度	0dB	0dB	0dB	0dB	0dB	0dB
地压增益	36dB	37dB	38dB	39dB	40dB	41dB
阻尼系数	1000	1000	1000	1000	1000	1000
信噪比	＞100dB	＞100dB	＞100dB	＞100dB	＞100dB	＞100dB
总谐波失真	＜0.05％	＜0.05％	＜0.05％	＜0.05％	＜0.05％	＜0.05％
平均功率(8Ω)	2×225W	2×310W	2×350W	2×425W	2×550W	2×500W
平均功率(4Ω)	2×350W	2×450W	2×550W	2×650W	2×750W	2×850W
桥接模式(8Ω)	700W	900W	1100W	1300W	1500W	1700W
电源	AC220V,±10％,50～60Hz					
尺寸(mm)	483×88×400					
重量	23.5kg	24kg	24.5kg	25kg	25.5kg	26kg

7）哈曼专业功放系列性能指标见表 1-17。

哈曼专业功放系列性能指标　　　　表 1-17

型号	MS-800	MS-1000	MS-1200	MS-1400	MS-1600	MS-1800
输入阻抗	30kΩ	30kΩ	30kΩ	30kΩ	30kΩ	30kΩ
频率响应	50Hz～30kHz	50Hz～30kHz	50Hz～30kHz	50Hz～30kHz	50Hz～30kHz	50Hz～30kHz
输入灵敏度	0dB	0dB	0dB	0dB	0dB	0dB
地压增益	36dB	37dB	38dB	39dB	40dB	41dB
阻尼系数	1000	1000	1000	1000	1000	1000
交感互抗	＞80dB	＞80dB	＞80dB	＞80dB	＞80dB	＞80dB
信噪比	＞100dB	＞100dB	＞100dB	＞100dB	＞100dB	＞100dB
总谐波失真	＜0.05％	＜0.05％	＜0.05％	＜0.05％	＜0.05％	＜0.05％
平均功率(8Ω)	2×300W	2×350W	2×400W	2×450W	2×500W	2×550W
平均功率(4Ω)	2×400W	2×500W	2×600W	2×700W	2×800W	2×900W
桥接模式(8Ω)	800W	1000W	1200W	1400W	1600W	1800W
电源	AC220V,±10％,50～60Hz					
尺寸(mm)	483×88×400					
重量	23.5kg	24kg	24.5kg	25kg	25.5kg	26kg

8）金嗓子 T-109V 功放性能指标

IHF 灵敏度：

单声道 11dBf/双声道 29dBf

信噪比率：单声道 90dB/双声道 85dB

总滤波失真（1kHz）：

单声道 0.02％最高/双声度 0.04％最高

双声度分隔（1kHz）：50dB

2000 Famed Audio Equipment Award

32 个记忆选台

9）金嗓子 PS-1200 功放性能指标

额定输出容量（连续）：1200VA

额定输出电压：12VAC±2％/230VAC±2％

额定输出电流：10A/5.2A

瞬间峰值电流容量：120A/60A

输出频率：50Hz 或 60Hz

输出波形滤波失真：等同或少于 0.3％

输入电压：120VAC/230VAC

输入频率：50Hz 或 60Hz

输入容量：1500VA

输出接口：7/6pcs

10）金嗓子 PS-500 功放性能指标

额定输出容量（连续）：510VA

额定输出电压：

12VAC±2％/230VAC±2％

额定输出电流：4.2A/2.2A

瞬间峰值电流容量：60A/30A

输出频率：50Hz/60Hz

输出波形滤波失真：等同或少于 0.3％

输入电压：120VAC/230VAC

输入频率：50Hz/60Hz

输入容量：750VA

输出接口：5/4pcs

11）金嗓子 DG-28 功放性能指标

数码解码处理：

64 频段（1/6 频程为一个刻度），可转变为 32 频段（1/3 频程为一个刻度）

频率中心点符合国际认可标准 64/32 段

滤波斜度：

1/6-段　位置：8.65

1/3-段　位置：4.32

增益：0～－18dB

数码输入/输出：EIA 标准

12）金嗓子 DF-35 功放性能指标

总谐波失真：0.0008%或少于（20～20kHz）

采用 DSP 方式处理

用高速 32 比特浮动小数点方式元件

切频点：内置 59 点

滤波斜度：6dB/octave，12dB/octave，18dB/octave，24dB/oc-tave，48dB/octave，96dB/octave

迟误：0～999cm Level；0～40dB

分割特点：－3dB

信噪比率：116dB（2.5V 输出）

6. 磁带录放机和 CD 机

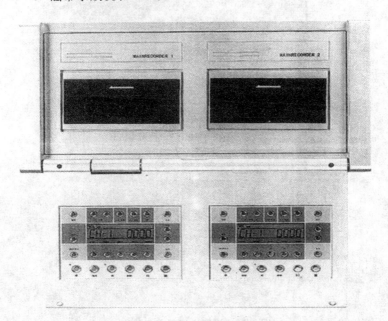

图 1-10　基本型和视频扩展型主录放机

（1）磁带录放机

1）常见磁带录放机的外形见图 1-10 和图 1-11。

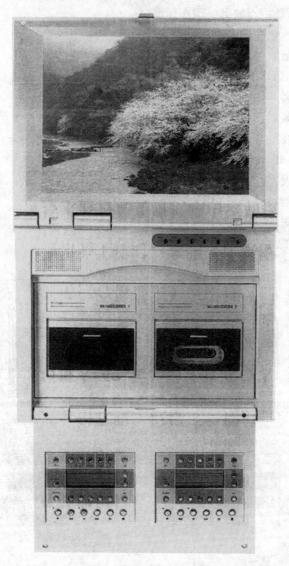

图 1-11　视频增强型主录放机

2）磁带录放机性能参数

① 图 1-10、图 1-11 录放机的性能参数

A. 播放：

· 可同时播放 2 路立体声磁带节目

· LCD 磁带计数，全部功能状态显示

· 录音机功能：录音、放音、快进、快倒、停止、暂停、清零、开盒

· 倍速复制

· 8 级电子音量控制

· 复位

B. 复制：

· 立体声磁带原速复制

· 立体声磁带倍速复制

· 外部节目复制

· 监录复制

C. 数字语音编辑：

· SP、SSP、SPS、SPSP 编辑

· 断句间隙设置功能：0.5S、1.0S、1.5S

· P 时长：1.0S、1.5S、2.0S

· AB 段落循环播放次数：1～9 次，无限循环

D. 特殊功能：

· 5 个书签设置

· 5 个 AB 段落及播放次数的设置

· 5 个 AB 段落任意独立或连续循环播放

· 设置学生信息

· 打印名册

标准配置为日本 ALPS 电控逻辑机芯可另选配德国 ASC DD 马达机芯

② SONY 系列 MD 录放机性能指标（见表 1-18）

SONY 系列 MD 录放机性能指标　　　表 1-18

序号	型　号	规　格　说　明
1	MDS-E11	19 寸机架式专业 MD 录音机
2	MDS-E52	19 寸机架式专业 MD 录音机
3	MDS-E55	19 寸机架式专业 MD 录音机
4	MDS-E58	19 寸机架式专业 MD 录音机
5	MDS-B5	专业 MD 录放音机
6	MDS-B6P	专业 MD 放音机
7	MDS-PC2(新款)	MD 录放音机,可与电脑连接进行编辑及录制
8	MDS-JA50ES	高级 MD 录放音机(金色)
9	MDS-JA30ES	高级 MD 录放音机(金色)
10	MDS-JA20ES	高级 MD 录放音机(金色)
11	MDS-JB930	MD 录放音机(可连接普通电脑键盘进行编辑)
12	MDS-JB940	MD 录放音机(可连接普通电脑键盘进行编辑)
13	MDS-W1	新款 2 碟 MD 录放音机
14	MDS-JE330	MD 录放音机
15	MDS-JE440	2001 新款 MD 录放音机 *new*
16	MDS-JE640	MD 录放音机(可连接普通电脑键盘进行编辑)
17	MDS-JE470	MD 录放音机 *new*(现货)
18	MDS-JE770	MD 录放音机(可连接普通电脑键盘进行编辑)
19	MDS-S40	99 新款 MD 录放音机
20	MDS-DRE1	MD 录放音机
21	MDS-JA555ES	新款 MD 录放音机(金色)
22	MDS-PC1	MD 录放音机
23	MXD-D3	MD+CD 一体机(4 倍速 CD 到 MD 录音)
24	MXD-D5	MD+5 碟 CD 一体机(4 倍速 CD 到 MD 录音)
25	MXD-X4	4 轨 MD 录音机(带 6 输入小调音台)
26	MDM-X4MKⅡ	多轨 MD 录音机(带 10 路输入小调音台)
27	YAMAHAMD8	8 轨 MD 录音机(带 10 路输入小调音台)

③ DVD 硬盘录放机特性

DVD/VCD/CD/MP3 等碟片的播放和录制,录像内容保存在本机硬盘上。内置高频头,可收看及录制电视节目;可录制其他设备（摄像头、DVD 播放机等）输入的信号;支持 10 个定时录像计划任务，定时录像时机器可自动开关机录像；时间平移功能；四种录像质量选择，最高达 DVD 的效果；复合视频、S-Video、SCART 三种视频信号输出方式；内置 AC-3 解码器，5.1 通道输出，支持 Dolby。

（2）CD 机——激光唱机

激光唱机又称 CD 唱机，它应用了激光技术、数字信号处理技术、计算机技术、精密伺服技术和大规模集成电路技术等，是现代高科技发展的结果。

1）激光唱机的工作原理

激光唱机是一种使用光学（激光）方法的小型数字音响唱片系统，因此，它应该在录制时将声音数字化，即通过取样电路对信号电路每隔一定时间进行取样，每次取样值经量化（即分层取整）后进行模数转换，使取样信号变换成一组二进制数字形式的编码脉冲序列，这就是模数转换（A/D）过程，即脉冲编码调制（PCM）的编码过程，然后将这些数码化的信号经调制录制在激光唱片上。

激光唱机在放音时，用激光照射激光唱片上的编码信号，使信号反射至拾音器（光/电换能器），再经过光/电转换、电流/电压转换、放大、整形后，才能将唱片上的编码信号转换为数字信号，最后还需经解码、数字滤波和 D/A 变换过程将数字信号还原成模拟信号送到功放器推动扬声器重新放出声音。激光唱机的原理框图如图 1-12 所示。

2）激光唱片

激光唱片的结构为直径 120mm、厚度 1.2mm 的透明塑料圆盘，在其上面蒸涂上一层薄薄的铝膜作为反射膜，再在上面涂敷保护涂层就形成了唱片。

在铝膜中，有沟槽突起，这些沟槽也可以看作小坑，小坑的有、无就分别对应数字信号的"0"和"1"，这些小坑是在录制信号时用激光刻蚀上去的。当激光束扫描聚焦于坑处时，光束被漫反射，所以光拾音器检出的信号为"0"；当激光束扫描聚焦于

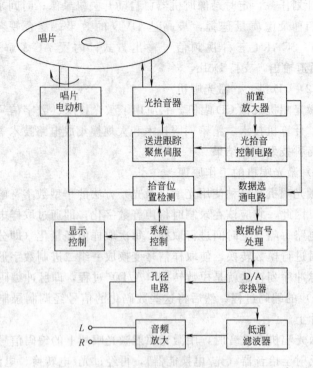

图 1-12　激光唱机原理框图

无坑处时，光束反射回光路而被检拾出，信号为"1"，通过这种方式就读出了刻在激光唱片上的信号。由于它采用非接触方式，所以与传统唱片相比，激光唱片几乎永不磨损，寿命极长，可以把记录在唱片上的最细微柔弱的声音忠实清晰地再现出来，性能指标高。

3）激光唱机的组成

激光唱机包括唱片系统、激光拾音器、伺服系统、信号处理系统、信息存储系统及控制操作系统等。

激光拾音器包括激光发射和激光反射检出器两部分，其结构如图 1-13 所示。激光拾音器安装在一个循迹跟踪装置上，由一只低功率激光二极管发射激光束，它首先通过半反光棱镜、物透

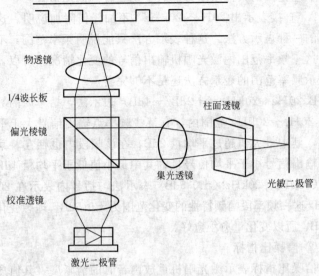

物透镜

1/4波长板

偏光棱镜

柱面透镜

集光透镜

光敏二极管

校准透镜

激光二极管

图 1-13　激光唱机原理框图

镜后聚焦于唱片的音轨表面，然后光束从表面反射回来，通过半反光棱镜 90°折射，再经过耦合透镜、圆柱形透镜射入光检器中的光敏二极管，光敏二极管将有无反射光信号转换成相应的电信号，这就完成了光/电转换，接下来再经过前置放大器放大，由内部比较器得到"1"、"0"串行数据信号，并加到数字信号处理电路，通过数字信号处理电路进行 EFM 调节、帧同步信号检出、纠错处理（CIRC 译码）和电机速度控制检测等，然后将解码后的数据加到高精度的 D/A 数模变换器和孔径电路低通滤波器以及线路放大器还原为左右声道模拟声音信号输出。电路节目时间的信息和曲目及数据控制信息也被送入微处理机进行系统的伺服控制。

4）激光唱机的主要技术参数

① 频率响应范围

频率响应范围表征激光唱机重放各种音频频率信号的能力，用来表示激光唱机的幅频特性。这一指标范围为 20Hz～20kHz。

频率响应范围的具体表示方法有下列三种不同的形式。

A. 直接表示出 20Hz～20kHz，不加任何附加说明。这是最简单的一种表示方法，这种表示方法只能说明频率范围，不能表示出这一频率范围内激光唱机输出信号的变化情况。所以，这种只表示频率范围的表示方法还是不够完善。

B. 20Hz～20kHz（＋2dB／－4dB）表示法，括号内的数字表示在 20Hz～20kHz 范围内，有某些频率点输出信号大于平均信号量，其中最大值超过平均量 2dB，在该频段内也存在着某些频率点输出信号小于平均信号量，其中最小值低于平均量 4dB。

C. 20Hz～20kHz（±0.5dB）表示法，括号内表示在 20Hz～20kHz 这一频率段幅频特性的变化范围为±0.5dB。理想变化量是±0dB，所以变化量愈小愈好。

② 信噪比指标

信噪比指标表示激光唱机重放声音时的清晰度，其值愈大愈好，信噪比的单位为 dB。如某一激光唱机信噪比为大于或等于80dB，另一机为大于 93dB，因此后者在信噪比指标上好于前者。高级激光唱机的信噪比都在 110dB 以上，所以，高级的激光唱机在没有信号时，音响系统一点响声都没有，就像没有开机一样。

③ 谐波失真度指标

谐波失真度指标表示激光唱机非线性失真的程度，其值愈小愈好，谐波失真度用％表示。谐波失真度指标在不同的激光唱机中，其具体表示方式有所区别，主要有下面两种方法。

A. 表示出某一测试频率信号的失真度，如谐波失真度小于0.005％（1kHz），这说明在 1kHz 频率下激光唱机谐波失真度小于或等于 0.005％，它并没有说明其他频率信号的谐波失真程度，所以这种表示方法还不够完善。

B. 表示出总谐波失真度，这种方法表示出规定频率范围内的谐波失真度。所以，这种表示方法比上一种表示方法更完善，更能说明激光唱机的谐波失真程度。

④ 线性失真和相位失真指标

在一些档次较高的激光唱机中，除标出谐波失真指标外，还标出了相位失真和线性失真两个指标，如某激光唱机的线性失真为 0.03% （20Hz～20kHz），相位失真为 0.5^0 （20Hz～20kHz）。

A. 相位失真：表示激光唱机在处理 20Hz～20kHz 音频范围信号过程中，对某些频率信号相位产生附加移相的程度，人耳对声音相位的失真没有对谐波失真那么灵敏，所以许多激光唱机中没有标出这一技术指标，当然，相位失真指标的值是愈小愈好，相位失真的单位是度。

B. 线性失真：表示激光唱机重放过程中对 20Hz～20kHz 范围内某些频率信号的丢失程度，这一失真与谐波失真相对比较影响较小，故一般激光唱机没有这一指标。线性失真指标的值愈小愈好，以百分数%来表示。

⑤ 声道分离度指标

声道分离度指标又称为声道隔离度，是用来表示左、右声道之间彼此"绝缘"的程度。声道分离度指标的标注方式有以下两种：

A. 只标出分离度值，如某种型号的激光唱机的声道分离度为 105dB。

B. 标出某一频率下的声道分离度，如 95dB （1kHz），表示在信号频率为 1kHz 下的声道分离度。声道分离度指标值愈高愈好，声道分离度的单位为 dB。

⑥ 动态范围指标

动态范围指标表示激光唱机所能重放最大信号电平与最小电平之间范围的大小。激光唱机的动态范围一般在 90dB 以上。动态范围指标值愈大愈好，动态范围单位是 dB。

5）先锋（PIONEER）CD 唱机特性参数见表 1-19。

先锋 （PIONEER） CD 唱机特性参数　　表 1-19

型号	频率响应（Hz）	信噪比（dB）	动态范围(dB)	通道分离度(dB)	总谐波失真	功耗（W）	比特数/取样频率	碟数	遥控	数码输出
PD-77	20～20k	112	98	108	0.0018%	30	1/384fs	单	√	√
PD-S802	20～20k	112	98	108	0.0021%	18	1/8fs	单	√	√
PD-S703	20～20k	110	96	104	0.0026%	17	1/8fs	单	√	√
PD-S503	20～20k	106	96	100	0.003%	15	1/8fs	单	√	×
PD-203	20～20k	102	96	95	0.003%	12	1/8fs	单	√	×
PD-103	20～20k	98	96	95	0.003%	12	1/8fs	单	×	×
PD-T510	20～20k	102	96	—	0.003%	13	1/	单	√	×
PD-T310	20～20k	102	96	—	0.003%	13	1/	双	√	×
PD-F100	20～20k	98	96	96	0.003%	14	1/	百	√	×
PD-TM3	20～20k	102	96	96	0.003%	14	1/8fs	18	√	×
PD-M901	20～20k	105	96	100	0.0028%	17	1/8fs	6	√	×
PD-DM802	20～20k	102	96	96	0.0028%	12	1/8fs	12	√	×
PD-M603	20～20k	98	96	95	0.003%	13	1/8fs	6	√	×
PD-M403	20～20k	＞98	95	95	0.005%	12	1/8fs	6	×	×

第三节　建筑广播系统的施工

一、建筑广播系统的要求

1. 系统的要求

（1）建筑广播系统应满足广播服务区域的要求。

（2）广播节目源的种类应满足建筑设计的要求。

（3）客房中需要广播信号的路数应满足客房广播节目安排的需要。

（4）应设置紧急广播及应急电源。

（5）应设置背景音乐广播。

（6）应设置广播控制中心。

2. 声学特性要求

（1）最大粉红噪声声压级≥85dB（250～4000Hz 内平均声

压级)。

(2) 传输频率特性: $250 \sim 4000$ Hz 内以其平均声压级为 0dB, 允差 $+4 \sim -10$dB。

(3) 声场不均匀度 $\leqslant 10$dB (1000Hz 和 4000Hz 处)。

(4) 纯录失真率以设计使用功率在自由声场中测量扬声器系统, 在 $\leqslant 4000$Hz 的传输频率特性范围内 $\leqslant 15\%$。

(5) 环境噪声级控制在 $50 \sim 55$dB (A)。

(6) 背景音乐的声级 = 噪声声级 + $(3 \sim 5)$dB。

(7) 传呼找人或广播通知声级 = 噪声声级 + $(6 \sim 10)$dB。

3. 紧急广播应具备的功能

(1) 优先广播权功能: 发生火灾时, 消防广播信号具有最高级的优先广播权, 即利用消防广播信号可自动中断背景音乐和寻呼等广播。

(2) 选区广播功能: 当大楼发生火灾报警时, 为防止混乱, 应向火灾区及其相邻的区域广播。指挥撤离和组织救火等事宜。如首层发生火灾时, 选区广播应向地下一层和楼上二层区域发出紧急广播, 进行疏散和救火工作。这个选区广播功能应有自动选区和人工手动选区两种功能, 确保可靠执行紧急广播指令。

(3) 强制切换功能: 背景音乐播放时, 各扬声器负载的输入状态通常各不相同, 有的音量处于最小状态, 有的音量处于关断状态, 有的音量处于较大状态, 但在紧急广播时, 各扬声器的输入状态都应转为最大音量状态, 即通过遥控指令进行音量强制切换。

(4) 消防值班室必须备有紧急广播分控台, 这个分控台应能遥控公共广播系统开机、关机。分控台话筒具有优先广播权, 分控台应具有强切权和选区广播权等。

(5) 紧急广播分区切换器的要求:

1) 切换器的切换开关, 应与广播分区号相对应, 当按下相应的开关时, 能够开启或关闭相应的广播分区, 进行紧急广播或关闭紧急广播, 同时紧急广播指示灯亮。

2）切换器向任一楼层分线箱送出的控制信息不必经过音量调节器。

3）电梯轿厢中所用的扬声器直接与功率放大器连接。不需要经过楼层的分线箱。

二、扬声器的布置和线路敷设

1. 扬声器的布置

（1）扬声器的选择

1）扬声器以定压式方案的应用最为广泛。

额定电压

$$V_0^2 = \frac{Z_0}{W_0}$$

$$Z_0 \leqslant \frac{Z_L}{n}$$

式中　V_0——定压输出的额定电压；

Z_0——功放额定负载阻抗；

Z_L——各终端扬声器的阻抗；

n——终端个数；

W_0——功率放大器的额定输出功率。

保证

$$nW_L \leqslant W_0$$

式中　W_L——扬声器的额定功率。

2）扬声器应满足灵敏度、频响，指向性等特性要求。

3）办公室、生活间、客房等，可采用 1~2W 的扬声器箱。

4）走廊、门厅及公共活动场所的背景音乐、业务广播等扬声器箱宜采用 3~5W。

5）在建筑装饰和室内净高允许的情况下，对大空间的场所宜采用声柱（或组合音箱）。

6）在噪声高、潮湿的场所设置扬声器时，应采用号筒扬声器，其声压级应比环境噪声大 10~15dB。

7）室外扬声器宜采用防潮保护型。

（2）扬声器的安装

1）扬声器有顶棚式和墙挂式两种。顶棚布置又有菱形排列和方形排列两种。

2）扬声器安装应牢固，安装螺丝应配有弹簧垫圈。

3）扬声器发声面应备有网罩或喇叭布，不应堵死。以免影响放声效果。

2．线路敷设

1）旅馆客房的广播线路，宜采用线对为绞型的电缆，其他广播线路可采用铜芯塑料绞合线。广播线路需穿管或线槽敷设。

2）广播线路敷设时和强电电源线、电话导线应有一定的距离，或采取屏蔽隔离措施。

3）不同分路的导线宜采用不同颜色的绝缘线，加以区别。

4）埋地敷设时，埋设路由不应通过预留用地或规划未定的场所；埋设路由应避开易使电缆损伤的场所，减少与其他管路的交叉跨线。当穿越道路时，对穿越段应穿钢管保护。

5）与路灯照明线路同杆架设时，广播线应在路灯照明线的下面，两种导线间的垂直距离不应小于 1m。

6）广播馈电线最低线位距地的距离：人行道上，不宜小于 4.5m；跨越车行道时，不应小于 5.5m；广播用户入户线高度不应小于 3m。

7）室外广播馈电线至建筑物间的架空距离超过 10m 时，应加装吊线，并在引入建筑物处将吊线接地，其接地电阻不应大于 10Ω。

三、有线广播控制室

1．有线广播控制室的设置位置

（1）办公楼类建筑，广播控制室宜靠近主管业务部门，当和监控室、消防中心合用时，应符合监控室和消防的有关规定。

（2）旅馆类建筑，服务性广播宜与电视播放合并设置控制室。

（3）机场、车站、码头类建筑，广播控制室宜靠近调度室。

（4）一般广播控制室宜设置在建筑底层，但设置塔钟自动报时扩音系统的建筑，控制室宜设在楼房顶层。

2. 广播控制室的技术用房

（1）一般广播系统只设控制室、当录、播音质量要求高时，可增设录播室。

（2）大型广播系统或要求高时，除设置机房、录播室外，还可增设办公室和仓库等附属用房。

3. 扩音机的安装

（1）扩音机功放柜前净距不应小于 1.5m。

（2）柜侧与墙，柜背与墙间距离不应小于 0.8m。

（3）柜侧需要维修时，柜间距离不应小于 1m。

（4）功放柜应有地脚螺栓固定在专用的地基上，在地震多发地，应采取防震措施。

4. 有线广播系统的供电

（1）功放柜功率较小时，可由照明配电箱供电，当功放设备容量在 250W 及以上时，应在广播控制室设专用电源配电箱。

（2）有条件时，宜采用二回路电源在广播控制室互投供电。

（3）供电电源电压偏差不应大于 ±10%，不能满足要求时应设置交流稳压装置。

（4）供电电源容量应为广播系统交流耗电容量的 1.5～2 倍。

5. 其他

（1）信号线应有屏蔽措施，穿钢管时，金属管外皮应保护接地。

（2）应设置保护接地和工作接地。专用接地装置，接地电阻不应大于 4Ω。接至公共接地网时，接地电阻不应大于 1Ω。工作接地时，调音台、功放柜、线路屏蔽层应构成系统一点接地。

四、广播系统与消防系统的连接

1. 消防广播系统

（1）LD6804 总线消防广播模块

1）用途及特点：LD6804 消防广播接口模块是总线消防广播系统的构成部分，当发生火灾时，火灾报警探测器将火灾信号发送给 LD128K 系列控制器，控制器根据事先编好的程序向相应的现场模块发出指令，自动或手动将火灾层及火灾相邻层的消防广播音箱开启，同时将背景音乐切换为消防广播。

2）性能

① 二总线，无极性

② LD6804 消防广播接口模块通过报警探测二总线接收 LD128K 系列控制器经过逻辑编程发出指令的控制。模块内含译码电路。

③ 模块自带拨码开关，可以现场编码（0～31），占用一个联动地址号。

④ 可对背景广播进行切换，控制音箱数量不限。

⑤ 总线与 24VDC 联动电源线不能共地。

3）主要技术指标

电源：24VDC 由联动电源总线供给（有极性）

静态电流：＜0.7mA

控制静态电流：＜0.5mA

音频输入：120V 定电压信号，由功放得到

输出信号：120V 定电压信号，配接定压式音箱

环境温度：－10～＋50℃

相对湿度：≤95％ RH40℃

外形尺寸：165mm×114mm×50mm

（2）总线消防广播系统

1）简介

总线消防广播系统由安装在消防控制室的 LD128K 系列火灾报警控制器、LD7100 消防广播录放盘、LD7200 消防广播功放盘、LD5800 联动控制电源和安装在现场的总线广播模块 LD6804 及音箱（Lm300）组成。当发生火灾时，火灾报警探测

器将火灾信号发送给 LD128K 系列控制器，控制器根据实现编好的程序向相应的现场广播模块发出指令，自动或手动将火灾层及火灾相邻层的音箱开启，同时通过 LD7100 广播录放盘、LD6804 总线消防广播模块将背景音乐切换为消防广播。

2）总线消防广播系统接线示意图见图 1-14。

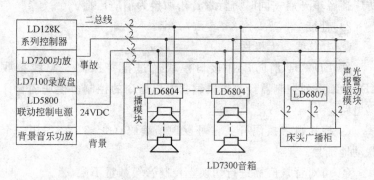

图 1-14　总线消防广播系统接线示意图

注：1. 此种总线广播系统需要有消防广播功放盘（LD7200），其输出功率有300W 和 500W 两种。

2. 可以通过 LD7100 广播录放盘、LD6804 总线消防广播模块对背景广播进行切换，控制音箱数量小于或等于 80 个。

3. LD6804 模块本身带编码开关，可以现场编码，占用一个联动地址号。需要DC24V 电源。

3）总线消防广播系统控制床头柜广播接线示意图如图 1-15所示。

注：床头柜内应设一只 DC24V 中间继电器和两个线间变压器（定压120V 输入），动作电流小于 40mA，采用声光报警驱动模块（LD6807），此模块输出 DC24V 时可达 3A，能控制 80 个床头柜。

（3）LD7000 多线消防广播分配盘

1）用途及特点：本产品可以实现广播系统与 LD128K 系列控制器和 LD1800 系列控制器配套使用，该产品分为 40 路/20 路两种机型，并设有自动、手动、强制、通播、复位、背景广播及消防广播等功能，与控制器配套使用时，可实现控制系统发出火

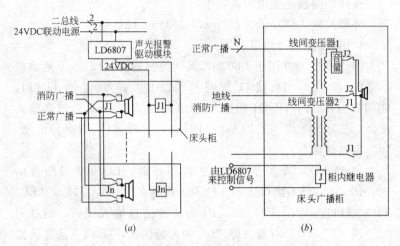

图 1-15　总线消防广播系统控制床头柜广播接线示意图

(a) 控制原理图；(b) 床头柜接线图

警信号后，消防广播系统自动启动，背景广播自动切断。本产品与 LD7100 消防广播灵放盘、LD7200 消防广播功放盘、LD7300 消防广播音箱配套使用。

2）性能

① 广播分配盘可提供 40 路/20 路消防广播输出控制，可根据现场实际需要，启动相应路的消防广播，按"通播"键，也可实现 40 路/20 路所有路的消防广播。未发生火警时，若有背景广播输入，则 40 路/20 路各路均为背景广播。

② 广播分配盘可实现与火灾报警系统的通信，即当火灾发生时，主机传输信号给广播分配盘，使广播分配盘在相应路的消防广播自动开通或切换。

3）主要技术参数

供电电流：1A

供电电压：24VDC

环境温度：−10～＋50℃

相对湿度：≤95％ RH40℃

每路广播独立使用时，可带负载 200W

外形尺寸：132mm×482mm×200mm（3U）

4）接线方式：如图 1-16。

① 当 LD7000 用于 LD128K 系列控制器时，LD7000 后面板的 J1，J2，J3，J4 接口分别与 LD9100 逻辑盘的 OUT1，OUT2，OUT3，OUT4 相连。J1，J2，J3，J4 为火警信息输入接口，信息为"0"或"1"，"1"有效（即"1"为火警信息，"0"为监测状态）。

② 当 LD7000 用于 LD1800 控制器时，LD7000 后面板的 P1，P2，P3，P4 接口应与 LD1800 底板的 TBD，TBC，TBB，TBA 端相连，P1，P2，P3，P4 为火警信息输入接口，信息为"Z"或"0"，"0"有效（即"0"为火警信息，"Z 或三态"为监测状态）。

③ LD7000 后面板 24V "＋"、"－"输入端子需外接 24V 直流电源，消防广播"＋"、"－"端子，背景广播"＋"、"－"端子分别接消防广播和背景广播的音频输出端；其中接线端子 K2，K4，K6，K8 是 1～40 路/20 路相应路的外接音箱端子；K1，K3，K5，K7 为 1～40 路/20 为相应路的床头柜广播控制命令输出端。

（4）LD7100 消防广播录放盘

1）用途及特点：LD7100 广播录放盘为事故广播系统的配套产品之一，它是火警事故广播系统的音源。发生火灾时，它与定压输出音频功率放大器、音箱、广播设备控制组成事故广播系统，完成电子语音、外线输入、话筒、录音机四路播音方式下的事故广播，并能自动将话筒和外线输入的播音信号进行录音。本系统还可实现正常广播和事故广播的自动切换。多线消防广播系统及总线消防广播系统均可配用。

2）性能

① 广播录放盘具有四种播音方式：外线播音、话筒播音、放音播音、电子语音播音。

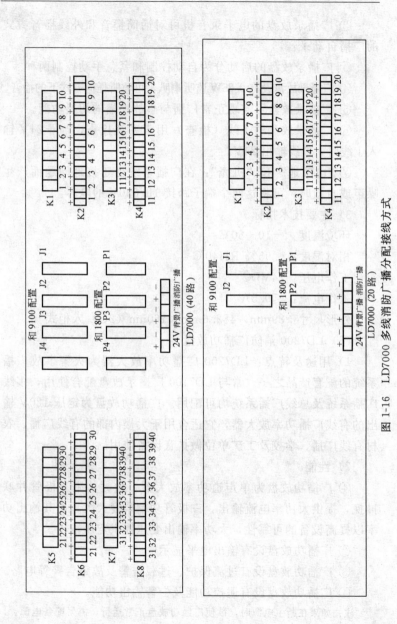

图1-16 LD7000多线消防广播分配接线方式

②广播录放盘的电子录音机可对话筒播音和外线播音方式的广播自动录音。

③广播录放盘的启动分为自动控制和紧急手动控制两种。

④广播录放盘设有 0.25W 监听喇叭，可监听任何方式下的播音。

⑤广播录放盘可实现正常广播与事故广播的切换功能。

⑥广播录放盘的 J 线（检查）用于系统检查，当＋24V 输入 J 线时，C 线输出 24V。

⑦"电源地"和"机壳"：在广播系统由于接地问题而产生噪声或自激时，可将这两个端子跨接 1u/630V 的电容。

3）主要技术指标

环境温度：－10～50℃

相对湿度：≤95% RH40℃

工作电压：24VDC

工作电流：≤0.5A

外形尺寸：89mm×482.6mm×160nm（2U）入柜式

（5）LD7200 消防广播功放盘

1）用途及特点：LD7200 广播功率放大器为火警事故广播系统的配套产品之一。常与 LD7100 广播录放盘配合使用，多线广播系统及总线广播系统均可配用。广播功放盘为定压 120V 输出的有线广播功率放大器，它适合用于大楼内部的有线广播、农村有线广播、学校及工矿单位做扩音设备使用。

2）性能

①广播功放盘为单声道功率放大器。由大功率三极管并联推挽，提供大功率电流输出，三极管功率余度大大超出其输出功率以提高设备的可靠性，大功率输出变压提供定压输出。

②广播功放盘设有输出电平显示电路。

③广播功放盘设有过流保护、过载告警及故障告警等电路。

④广播功放盘设有遥控功能及告警输出功能。

注：如果在断主电源时，欲使广播功放盘正常运行，需另配备电源。

3）主要技术指标

电源电压：220VAC±10％

功耗：小于 600W

输入阻抗：不平衡式 600Ω

输入电平：0dB

定压输出：120V

谐波失真：80～8kHz 小于 5％

频率特性：80～8kHz 小于 2dB

信噪比：大于 70dB

电压调整率：小于 2dB

（6）多线制消防广播系统

多线制消防广播系统按广播分区设计，每广播分区二根线与现场的音箱连接，n 个分区要有 $2n$ 根广播线，各广播分区的切换控制由消防控制中心的 LD7000 广播分配盘来完成手动或自动广播切换，多线制广播系统使用的播音设备与总线消防广播系统内的设备相同（一般选用 LD7100 广播功放盘），多线制消防广播系统示意图如图 1-17。

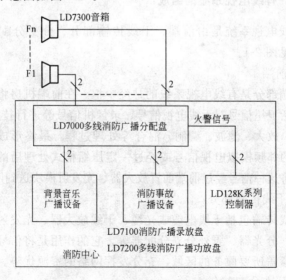

图 1-17　多线制消防广播系统示意图

第二章　建筑有线电视系统

建筑有线电视系统是一种采用同轴电缆、光缆或者微波等媒介进行传输，并在一定的用户中分配或交换声音、图像、数据及其他信号，能够为建筑用户提供多套电视节目乃至各种信息服务的电视网络体系。现代的有线电视系统已不再是只能传输多套模拟电视节目的单向网络，而是能够提供多功能服务的宽带交互式多媒体网络。

第一节　概　　述

一、有线电视系统的组成

有线电视系统是由前端、干线传输部分、分支分配部分组成。详见图 2-1。

1. 前端

前端部分是有线电视系统的神经中枢。在前端机房将各种信号，包括卫星信号、无线电视信号、录像机信号等进行技术加工，即解调、放大、滤波、调制、混合等处理过程，最终形成具有一定带宽的邻频模拟电视信号或经过一定压缩格式处理后的数字信号，再将这种信号经过前端前置放大器、光发射模块送到网上。

2. 干线传输部分

干线传输包括干线电缆或光缆、干线放大器、光发射机、光接收机、分光器、野外分支分配器等。它的作用是将信号尽可能合理地覆盖所要服务的区域，充分发挥网络的资源优势。

3. 分支分配部分

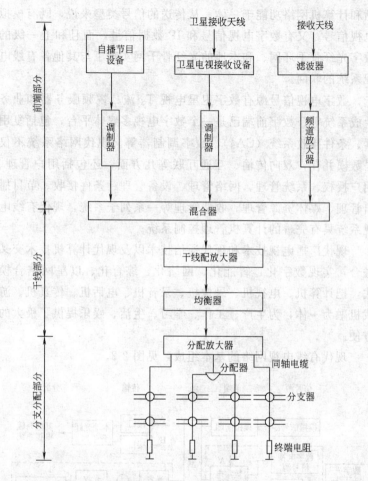

图 2-1　有线电视系统组成图

　　分支分配部分是由室内分支分配器、集线器、电缆、用户盒、楼层放大器等组成。它的作用是将干线传输信号经过合理地分支分配送到系统内的每一个用户。

二、现代有线电视系统的特点

　　现代有线电视系统已是一个庞大而完整的体系，集电视、电话和计算机网络功能于一体。从传送的信号类型来说，既有模拟电视信号，又有数字电视信号和 IP 数据信号，而且和上一级的数字光纤骨干环网、和本地的光纤骨干网实现了与其他各有线电视系统的联网。

数字电视信号源有数字卫星电视 T_S 流、视频服务器和业务生成系统等；数字前端已是一个数字电视多媒体平台，包括复用器、条件接收系统（CA_S）、数字调制器等。现代网络系统不仅是数模并存，双向传输、互通互联等几方面，还包括用户管理、用户授权、系统管理、网络管理、设备管理、条件接收、节目播出管理、媒体资源管理、收费管理等一系列子系统，现代有线电视系统具有完善的计算机管理控制系统。

现代广播电视技术和现代通信技术以及现代计算机技术交叉融合，实现数字化、智能化、网络化、综合化、以星网结合模式，把计算机、电视机、录像机、录音机、电话机、传真机、游戏机融为一体，为生产、工作、学习、生活、娱乐提供了极大的方便。

现代有线电视网络的基本组成，见图 2-2。

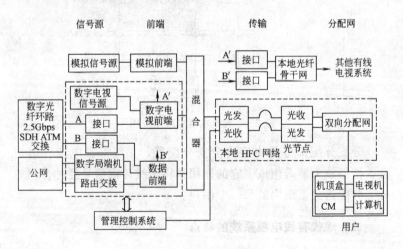

图 2-2　现代有线电视网络的基本组成

三、电视频道

要使多套电视节目同时在空间或同一条线缆中传送，必须将它们分别调制到不同频率的高频载波上，这样电视接收机才能通过将高频头调谐到不同的频率来实现每一套节目的正确接收。也就是说，不同的电视节目在传送时必须被安排到一个个不同的"频道"上。由于无线电频率资源有限，不可能给一个电视频道太宽的频带，故地面电视广播中视频信号的调制都采用"残留边带调幅（VSB-AM）"方式。频带宽度为 8MHz，而卫星电视则采用调频方式。

地面电视广播能够使用的无线电频率主要有 48.5～108MHz，167～223MHz，470～566MHz，606～958MHz 四个频段。地面电视广播的频道配置，对频段、频道、图像载频，声音载频，中心频率、频带都作了具体规定。

我国原来规定的开始电视频道一共有 68 个，但第 5 频道与调频广播使用的频段重叠，一般不再使用。目前广播电视实际使用的只有 47 个频道（1～4，6～48）。1～12 频道属于甚高频（VHF）频段，13～68 频道属于特高频（UHF）频段。专用于调频广播的频段，其频率范围为 87～108MHz。

早期的有线电视系统频道配置和地面开始电视系统相同。有一部分频率分配给邮电、军事和通信部门，开始电视信号不能采用，否则会造成电视与通信的互相干扰。用于有线电视系统是一个独立的、封闭系统，一般不会与通信造成互相干扰，可以采用有些频率以扩展节目套数，这就是有线电视系统中的增补频道。

在双向有线电视系统中，由于同轴电缆分配网实现双向传输只能采用频分复用的方式，故系统中必须考虑上、下行频率的分割问题。通常采用"低分割"，由于出现"信道拥塞"的情况，于是，双向系统需要考虑采用上、下行频率的"中分割"方案，才可能真正开展双向业务。

我国规定的开路电视频道具体配置方案，见表 2-1。

地面电视广播的频道配置　　表 2-1

频段	频道	图像载频	声音载频	中心频率	频带
V_I	1	49.75	56.25	52.5	48.5～56.5
	2	57.75	64.25	60.5	56.5～64.5
	3	65.75	72.25	68.5	64.5～72.5
	4	77.25	83.75	80	76～84
	5	85.25	91.75	88	84～92
FM			87～108		
V_{III}	6	168.25	174.75	171	167～175
	7	176.25	182.75	179	175～183
	8	184.25	190.75	187	183～191
	9	192.25	198.75	195	191～199
	10	200.25	206.75	203	199～207
	11	208.25	214.75	211	207～215
	12	216.25	222.75	219	215～223
U_{IV}	13	471.25	477.75	474	470～478
	14	479.25	485.75	482	478～486
	15	487.25	493.75	490	486～494
	16	495.25	501.75	498	494～502
	17	503.25	509.75	506	502～510
	18	511.25	517.75	514	510～518
	19	519.25	525.75	522	518～526
	20	527.25	533.75	530	526～534
	21	535.25	541.75	538	534～542
	22	543.25	549.75	546	542～550
	23	551.25	557.75	554	550～558
	24	559.25	565.75	562	558～566
U_V	25	607.25	613.75	610	606～614
	26	615.25	621.75	618	614～622
	27	623.25	629.75	626	622～630
	28	631.25	637.75	634	630～638
	29	639.25	645.75	642	638～646
	30	647.25	653.75	650	646～654
	31	655.25	661.75	658	654～662

频段	频道	图像载频	声音载频	中心频率	频带
	32	663.25	669.75	666	662～670
	33	671.25	677.75	674	670～678
	34	679.25	685.75	682	678～686
	35	687.25	693.75	690	686～694
	36	695.25	701.75	698	694～702
	37	703.25	709.75	706	702～710
	38	711.25	713.75	714	710～718
	39	719.25	725.75	722	718～726
	40	727.25	733.75	730	726～734
	41	735.25	741.75	738	734～742
	42	743.25	749.75	746	742～750
	43	751.25	757.75	754	750～758
	44	759.25	765.75	762	758～766
	45	767.25	773.75	770	766～774
	46	775.25	781.75	778	774～782
	47	783.25	789.75	786	782～790
	48	791.25	797.75	794	790～798
	49	799.25	805.75	802	798～806
U_V	50	807.25	813.75	810	806～814
	51	815.25	821.75	818	814～822
	52	823.25	829.75	826	822～830
	53	831.25	837.75	834	830～838
	54	839.25	845.75	842	838～846
	55	847.25	853.75	850	846～854
	56	855.25	861.75	858	854～862
	57	863.25	869.75	866	862～870
	58	871.25	877.75	874	870～878
	59	879.25	885.75	882	878～886
	60	887.25	893.75	890	886～894
	61	895.25	901.75	898	894～902
	62	903.25	909.75	906	902～910
	63	911.25	917.75	914	910～918
	64	919.25	925.75	922	918～926
	65	927.25	933.75	930	926～934
	66	935.25	941.75	938	934～942
	67	943.25	949.75	946	942～950
	68	951.25	957.75	954	950～958

四、残留边带波传送

经过调制以后，在总的信号中将出现载波频率与调制信号中各频率的和频与差频的频率成分。也就是说，在载波频率的两旁，信号都占有约 6MHz 的频带（频带即是连续和特定的频率区域，或是说频带是分配给一种特殊通信业务的某一范围内的一些频率），见图 2-3。

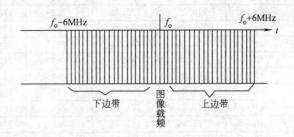

图 2-3 低频信号调幅后的边带

于是总的频带就为 6MHz 的两倍，即约为 12MHz。要发送和接收这样宽频带的信号在技术上是很困难的，为此就要压缩频带。利用滤波器将下边带的大部分滤去。仅将上边带的全部和下

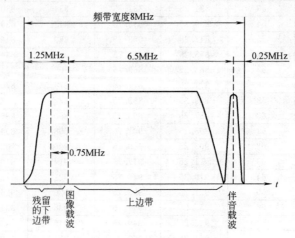

图 2-4 残留边带波传送

边带中的较低频率部分发送出去，这叫做"残留边带波传送"。见图 2-4。

从图 2-4 中可以看出，下边带中仅留下 0.75MHz 的较低频率分量，高于 0.75MHz 的分量被滤除。而在上边带中高达 6MHz 左右的信号分量均被发送出去。

由于采用残留边带波传送的方法，信号将产生频率失真，图像信号中 0.75MHz 的较低频率分量的振幅将为较高频率分量的两倍。这就需要在接收机中采取措施予以补偿。

第二节　有线电视设备

一、分配器、分支器和混合器

1. 分配器

将一路输入的电视信号电平（功率或电压）平均分成几路输出的器件，称为分配器。分配器是一种无源器件，可应用于前端、干线、支干线、用户分配网络，尤其在楼幢内部，需要大量采用分配器。

（1）分配器的种类

根据分配器输出的路数，可分为：二分配器、三分配器、四分配器、六分配器等几种类型。如图 2-5 所示。

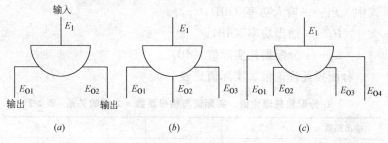

图 2-5　分配器表示符号

（a）二分配器；（b）三分配器；（c）四分配器

根据分配器的工作频率范围，可分为：全频道型分配器（45～860MHz）、5～550MHz 分配器、5～750MHz 分配器、5MHz～1GHz 分配器等几种类型。

根据分配器通过的信号不同，可分为：过电流型分配器、不过电流型分配器。过电流型分配器除了通过电视信号、数据信号等各种高频信号以外，还可以通过 50Hz、40～60V 交流低频信号，为干线放大器提供电源，主要应用于干线、支干线等部位。不过电流型分配器大量使用在分配系统末端，如居民小区，楼幢内等部位。

（2）分配器的主要技术参数

1）分配损耗

分配损耗又叫分配损失或分配衰减，它是指信号从输入端分配到输出端的传输损失。理想情况下，分配器每一路输出信号的功率是输入信号功率的 $1/n$。

$$L_\mathrm{p}' = 10\lg n (\mathrm{dB})$$

式中　n——分配器输出路数；

　　　L_p'——分配损耗理论值（dB）。

由于分配器中包含了一些无源器件，如电容器、电感线圈、传输线变压器等，这些器件在传输信号的同时，也会消耗掉、泄漏掉少量信号功率，因此分配器的实际分配损耗为：

$$L_\mathrm{p} = 10\lg(P_\mathrm{I}/P_\mathrm{o}) = [P_\mathrm{I}(\mathrm{dB}) - P_\mathrm{o}(\mathrm{dB})](\mathrm{dB})$$

式中　P_I——输入功率（dB）；

　　　P_o——输出功率（dB）；

　　　L_p——分配损耗实际值（dB）。

分配损耗理论值、实际值见表 2-2。

分配损耗理论值、实际值与输出路数 n 之间的关系　表 2-2

输出路数 n	2	3	4	6
理论值(dB)	3.01	4.73	6.02	7.78
实际值(dB)	3.5±0.4	5.5±0.5	7.5±0.5	9±1

2）相互隔离度

在分配器的某一输出端加入信号，该信号电平 E_I 与在其他输出端出现的该信号电平 E_o 之差，称为分配器的相互隔离度。通常用 L_s 表示，则

$$L_s = E_I - E_o \quad (\text{dB})$$

由于分配器各个输出端均接有设备，如用户电视机、放大器、分支器等，希望这些设备输出的干扰信号不要影响到其他输出端的设备。因此，要求分配器输出端的相互隔离度越大越好，相互隔离度越大，表示这个分配器各输出端之间的相互影响越小。对全频道型，国标规定：VHF 段相互隔离度＞20dB；UHF 段＞18dB；5～550MHz，5～750MHz 等宽带型相互隔离度要求＞25dB。

3）阻抗

分配器的输入和输出阻抗理论上均为 75Ω。

4）反射损耗

分配器输入、输出端均与同轴电缆连接，由于同轴电缆特性阻抗理论值为 75Ω，因此，理论上分配器输入、输出端的阻抗匹配程度很好。此时反射损耗很大。若分配器输入、输出阻抗与同轴电缆特性阻抗不完全匹配，则在分配器输入端或输出端会出现反射波，对后续电路会造成影响。国标规定 VHF 段反射损耗＞16dB，UHF 段反射损耗＞10dB。

5）过电流大小

为了实现分配器过电流，可以在不过电流分配器输入和输出端增加耦合电容器和高频扼流线圈。如图 2-6 所示。当电容器电容量比较大时，对于 5MHz 以上高频电视信号，容抗很小，近似于短路，可顺利通过；而对于 50Hz 的低频交流信号，容抗很大，近似于开路。当高频扼流线圈的电感量比较大时，对于 5MHz 以上的高频电视信号，感抗很大，近似开路；而由于 50Hz 的低频交流信号，感抗很小，近似于短路，可顺利通过。

（3）常见分配器性能参数

1）LGP 分配器系列产品性能参数见表 2-3。

LGP 分配器系列产品性能参数 表 2-3

参　　数	型　号	LGP204	LGP306	LGP408
分配损耗 （dB）	5～30MHz	＜3.6	＜5.3	＜7.0
	30～860MHz	＜3.6	＜5.6	＜7.5
	860～1000MHz	＜4.3	＜6.5	＜8.4
相互隔离 （dB）	5～30MHz	＞25	＞25	＞25
	30～860MHz	＞27	＞27	＞27
	860～1000MHz	＞22	＞22	＞22
反射损耗 （dB）	5～30MHz	＞16		
	30～860MHz	＞16		
	860～1000MHz	＞12		

2）国产组装分支分配器性能参数见表 2-4。

国产组装分支分配器性能参数 表 2-4

序号	项　　目		单位	性　能　参　数		
				二分配	三分配	四分配
1	分配损耗	5～30MHz	dB	≤4.2	≤6.3	≤8.0
		47～550MHz		≤3.7	≤5.8	≤7.5
		550～750MHz		≤4.0	≤6.5	≤8.0
		750～1000MHz		≤4.5	≤7.0	≤8.5
2	相互隔离	5～30MHz	dB	≥22	≥22	≥22
		47～550MHz		≥25	≥25	≥25
		550～750MHz		≥22	≥22	≥22
		750～1000MHz		≥22	≥22	≥22
3	反射损耗	5～30MHz	dB	≥12	≥12	≥12
		47～550MHz		≥16	≥16	≥16
		550～750MHz		≥14	≥14	≥14
		750～1000MHz		≥14	≥14	≥14

2. 分支器

分支器也是一种将一路输入电视信号分成几路输出的器件，

但它不是将输入信号的电平（功率或电压）平均分配，而是仅仅取出一小部分信号电平馈送给支干线，大部分信号电平给主干线继续传输。分支器也是一种无源器件，可应用于干线、支干线、用户分配网络，尤其在楼房内部，需要大量采用分支器。

（1）分支器的种类

根据分支器分支输出端的路数，可分为：一分支器、二分支器、三分支器、四分支器。如图 2-7 所示。输出端口直接插接电视机的一分支器和二分支器，称为串接一分支器（又称串接单元）和串接二分支器。

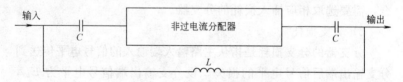

图 2-6　过电流分配器原理图

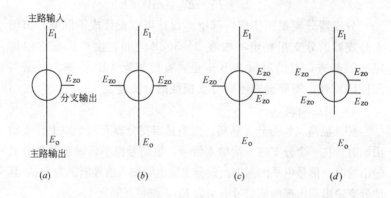

图 2-7　分支器表示符号

（a）一分支器；（b）二分支器；（c）三分支器；（d）四分支器

根据分支器的工作频率范围，可分为：全频道（45～860MHz）型分支器、5～550MHz 分支器、5～750MHz、5MHz～1GHz 分支器等几种类型。

根据分支器通过的信号不同，可分为：过电流型分支器、不过电流器分支器。其基本原理、应用场合等同分配器。

（2）分支器的主要技术参数

1）插入损耗

分支器的插入损耗是指从主路输入端输入的信号电平传送到主路输出端后信号电平的损失。设主路输入端信号电平为 E_I，主路输出端信号电位为 E_o，则插入损耗 L_n 为：

$$L_n = E_I - E_o \quad (dB)$$

分支器插入损耗依据内部电路设计可以设计成不同值，市场上分支器插入损耗值一般在 $0.3 \sim 4dB$ 之间，根据实际使用场合，需要选取相应插入损耗的分支器。

2）分支损耗

分支器的分支损耗是指从主路输入端输入的信号电平传送到分支输出端后信号电平的损失。设分支输出端信号电平为 E_{zo}，则分支损耗 L_z 为：

$$L_z = E_I - E_{zo} \quad (dB)$$

分支器分支损耗依据内部电路设计可以设计成不同值，市场上分支器的分支损耗值一般在 $8 \sim 30dB$ 之间，生产厂家有的每隔 2dB 步进，有的每隔 3dB 步进，有的每隔 4dB 步进。根据实际使用场合，需要选取不同分支损耗的分支器。

3）相互隔离

相互隔离又称为分支隔离。指的是当支分器有两个以上分支输出端时，在一个分支输出端加入信号，该信号电平传输到其他分支输出端时，信号电平的损失。设分支输出端加入信号电平为 E_{ZI}，其他分支输出端出现的该信号电平为 E_{zo}，则相互隔离 L_{ZG} 为：

$$L_{ZG} = E_{ZI} - E_{zo} \quad (dB)$$

分支器的相互隔离越大，说明各个分支输出端之间相互影响程度越小。分支器的相互隔离一般要求大于 20dB，性能好的分支器相互隔离可达到 30dB 以上。

4）反向隔离

分支器反向隔离指的是从分支器一个分支输出端加入信号，

该信号电平传输到主路输出端时信号电平的损失，（也可以从分支器主路输出端加入信号，该信号电平传输到分支输出端时信号电平的损失）。设分支输出端加入信号电平为 E_{ZI}，主路输出端出现的该信号电平为 E_o，则反向隔离 L_{FG} 为：

$$L_{FG} = E_{ZI} - E_o \ (dB)$$

分支器的反向隔离越大，说明分支器输出端与主路输出端之间的相互影响程度越小，分支器的反向隔离一般要求大于 25dB。

由于分支器的相互隔离和反向隔离一般都比较大，因此分支器主路输入端、主路输出端和各分支输出端之间相互影响较小，一般情况下分支器的分支输出端可以开路，而不会影响系统传输的信号质量。由于分支器主路输入端与主路输出端之间信号直接通过，无任何隔离措施，因此，分支器主路输出端不能开路或短路，必须接同轴电缆或 75Ω 终端电阻。

5）阻抗

分支器的输入和输出阻抗理论上均为 75Ω。

6）反射损耗

分支器的反射损耗表明了分支器主路输入端、主路输出端、分支输出端的阻抗与同轴电缆特性阻抗之间的匹配程度，希望反射损耗值越大越好。

7）带内平坦度

由于很多分支器用于干线、支干线上，为了改善整个系统的平坦度，要求分支器的带内平坦度在 ±0.5dB 以内。

8）过电流大小

过电流分支器的电路原理与过电流分配器基本一样，在不过电流分支器的基础上加一些耦合电容器和高频扼流线圈。过电流分支器有的主路输入端到主路输出端过电流，而分支端不过电流；有的主路输入端到主路输出端、主路输入端到分支输出端都过电流。

（3）常用分支器性能参数

1）LGZ1—分支器系列产品性能参数见表 2-5。

LGZ1 一分支器系列产品性能参数 表 2-5

参　　数	型　　号	LGZ 110	LGZ 112	LGZ 114	LGZ 116	LGZ 118	LGZ 120	LGZ 122
标称分支损耗值		10	12	14	16	18	20	22
分支损耗偏差 (dB)	5～30MHz	±1.0	±1.0	±1.0	±1.0	±1.0	±1.0	±1.0
	30～860MHz	±1.2	±1.2	±1.2	±1.2	±1.2	±1.2	±1.2
	860～1000MHz	±1.2	±1.2	±1.5	±1.5	±1.5	±1.5	±1.5
插入损耗值 (dB)	5～30MHz	<1.2	<1.0	<1.0	<1.0	<1.0	<1.0	<0.8
	30～860MHz	<1.5	<1.2	<1.2	<1.2	<1.0	<1.0	<1.0
	860～1000MHz	<1.8	<1.5	<1.5	<1.5	<1.2	<1.2	<1.2
反向隔离 (dB)	5～30MHz	>25	>25	>30	>30	>30	>30	>25
	30～860MHz	>28	>30	>30	>30	>30	>30	>35
	860～1000MHz	>22	>22	>25	>25	>25	>25	>28
反射损耗 (dB)	5～30MHz	>14				>16		
	30～860MHz	>16				>16		
	860～1000MHz	>12				>12		

2）LGZ2 二分支器系列产品性能参数见表 2-6。

LGZ2 二分支器系列产品性能参数 表 2-6

参　　数	型　　号	LGZ 208	LGZ 210	LGZ 112	LGZ 114	LGZ 116	LGZ 118	LGZ 120	LGZ 122
标称分支损耗值		8	10	12	14	16	18	20	22
分支损耗偏差 (dB)	5～30MHz	±1.0	±1.0	±1.0	±1.0	±1.0	±1.0	±1.0	±1.0
	30～860MHz	±1.0	±1.2	±1.2	±1.2	±1.2	±1.2	±1.2	±1.2
	860～1000MHz	±1.2	±1.2	±1.2	±1.2	±1.5	±1.5	±1.5	±1.5
插入损耗值(dB)	5～30MHz	<3.5	<3.0	<1.5	<1.2	<1.2	<1.0	<1.0	<0.8
	30～860MHz	<3.8	<3.2	<1.8	<1.5	<1.5	<1.2	<1.2	<1.0
	860～1000MHz	<4.4	<3.5	<2.2	<1.8	<1.8	<1.5	<1.5	<1.2

续表

参　　数	型　号	LGZ 208	LGZ 210	LGZ 112	LGZ 114	LGZ 116	LGZ 118	LGZ 120	LGZ 122
反向隔离 (dB)	5～30MHz	>25	>25	>26	>25	>30	>30	>32	>35
	30～860MHz	>22	>22	>25	>30	>30	>30	>30	>32
	860～1000MHz	>20	>21	>22	>25	>25	>25	>25	>28
相互隔离 (dB)	5～30MHz	>22	>22	>22	>25	>25	>25	>25	>25
	30～860MHz	>22	>22	>22	>27	>27	>30	>30	>30
	860～1000MHz	>22	>22	>22	>22	>22	>22	>22	>22
反射损耗 (dB)	5～30MHz	>14	>14	>14	>14	>16	>16	>16	>16
	30～860MHz	>16	>16	>16	>16	>16	>16	>16	>16
	860～1000MHz	>12	>12	>12	>12	>12	>12	>12	>12

3）LGZ4 四分支器系列产品性能参数见表 2-7。

LGZ4 四分支器系列产品性能参数　　　　表 2-7

参　　数	型　号	LGZ 410	LGZ 412	LGZ 414	LGZ 416	LGZ 418	LGZ 420	LGZ 422	LGZ 424
标称分支损耗值		10	12	14	16	18	20	22	24
分支损耗偏差 (dB)	5～30MHz	±1.0	±1.0	±1.0	±1.0	±1.0	±1.0	±1.0	±1.0
	30～860MHz	±1.2	±1.0	±1.0	±1.0	±1.2	±1.2	±1.2	±1.2
	860～1000MHz	±1.2	±1.2	±1.2	±1.2	±1.5	±1.5	±1.5	±1.5
插入损耗值(dB)	5～30MHz	<3.5	<3.5	<3.0	<1.5	<1.2	<1.0	<1.0	<1.0
	30～860MHz	<3.8	<3.8	<3.2	<1.8	<1.5	<1.2	<1.2	<1.2
	860～1000MHz	<4.6	<4.3	<4.5	<2.2	<1.8	<1.5	<1.5	<1.2
反向隔离 (dB)	5～30MHz	>25	>25	>25	>30	>30	>35	>35	>35
	30～860MHz	>23	>25	>30	>30	>30	>30	>30	>32
	860～1000MHz	>22	>22	>22	>24	>25	>26	>28	>28
相互隔离 (dB)	5～30MHz	>22	>22	>22	>22	>27	>27	>27	>27
	30～860MHz	>25	>25	>25	>25	>30	>30	>30	>30
	860～1000MHz	>22	>22	>22	>22	>25	>25	>25	>25
反射损耗 (dB)	5～30MHz	>14	>14	>12	>14	>16	>16	>16	>16
	30～860MHz	>16	>16	>16	>16	>16	>16	>16	>16
	860～1000MHz	>12	>12	>12	>12	>12	>12	>12	>12

4）国产组装分支器性能参数见表 2-8～表 2-10。

一分支器性能参数　　　　　　　　表 2-8

序号	项目		单位	性 能 参 数		
				12	16	20
1	分支损耗	5～30MHz	dB	±1.5		
		47～550MHz				
		550～750MHz				
		750～1000MHz				
2	插入损耗	5～30MHz	dB	≤2.0	≤1.7	≤1.2
		47～550MHz		≤1.5	≤1.2	≤0.7
		550～750MHz		≤1.8	≤1.5	≤1.5
		750～1000MHz		≤2.0	≤1.8	≤1.8
3	反向隔离	5～30MHz	dB	≥22	≥26	≥30
		47～550MHz		≥22	≥26	≥30
		550～750MHz		≥22	≥26	≥30
		750～1000MHz		≥20	≥24	≥26
4	反向损耗	5～30MHz	dB	≥12		
		47～550MHz		≥16		
		550～750MHz		≥14		
		750～1000MHz		≥14		

二分支器性能参数　　　　　　　　表 2-9

序号	项目		单位	性 能 参 数		
				12	16	20
1	分支损耗	5～30MHz	dB	±1.5		
		47～550MHz				
		550～750MHz				
		750～1000MHz				
2	插入损耗	5～30MHz	dB	≤2.5	≤2.0	≤1.7
		47～550MHz		≤2.5	≤2.0	≤1.2
		550～750MHz		≤2.8	≤2.5	≤2.0
		750～1000MHz		≤3.0	≤2.8	≤2.5
3	反向隔离	5～30MHz	dB	≥22	≥26	≥30
		47～550MHz		≥22	≥26	≥30
		550～750MHz		≥22	≥26	≥30
		750～1000MHz		≥20	≥24	≥26

· 76 ·

续表

序号	项　目		单位	性　能　参　数		
				12	16	20
4	反向损耗	5～30MHz	dB	≥12		
		47～550MHz		≥16		
		550～750MHz		≥14		
		750～1000MHz		≥14		
5	相互隔离	5～30MHz	dB	≥22		
		47～550MHz		≥30		
		550～750MHz		≥25		
		750～1000MHz		≥22		

四分支器性能参数　　表 2-10

序号	项　目		单位	性　能　参　数		
				12	16	20
1	分支损耗	5～30MHz	dB	±1.5	±1.5	±1.5
		47～550MHz		±1.5	±1.5	±1.5
		550～750MHz		±1.8	±1.8	±1.8
		750～1000MHz		±1.8	±1.8	±1.8
2	插入损耗	5～30MHz	dB	≤4.0	≤2.5	≤2.0
		47～550MHz		≤4.0	≤2.5	≤2.0
		550～750MHz		≤4.3	≤2.8	≤2.5
		750～1000MHz		≤4.5	≤3.0	≤2.8
3	反向隔离	5～30MHz	dB	≥22	≥30	≥30
		47～550MHz		≥22	≥30	≥30
		550～750MHz		≥22	≥26	≥30
		750～1000MHz		≥20	≥24	≥26
4	反向损耗	5～30MHz	dB	≥12		
		47～550MHz		≥16		
		550～750MHz		≥14		
		750～1000MHz		≥14		
5	相互隔离	5～30MHz	dB	≥22	≥22	
		47～550MHz		≥25	≥30	
		550～750MHz		≥20	≥25	
		750～1000MHz		≥17	≥22	

3. 混合器

（1）混合器的作用：混合器是将多路射频信号混合成一路复合信号的设备，它是有线电视系统前端设备中的一个重要部件。

（2）混合器的种类

根据混合器的电路结构可分为：滤波器式混合器、分配器式混合器、宽带传输线变压器式混合器。根据混合器对信号的放大能力可分为：无源混合器、有源混合器。目前的有线电视前端均采用无源混合器，有源混合器很少采用。

（3）混合器的工作原理

1）滤波器式混合电路

滤波器式混合电路中主要采用 L、C 滤波器，依据滤波器工作频率范围可分为频段式滤波器和频道式滤波器两种。由于这两种滤波器共同缺点是相互隔离度较低，通常仅适用于非邻频前端。

图 2-8 为频段式滤波器电路，从图中可见，它是由一个低通滤波器和一个高通滤波器组合而成。其主要优点是：插入损耗小，互换性能好。主要缺点是：抗干扰能力差，相互隔离度低。

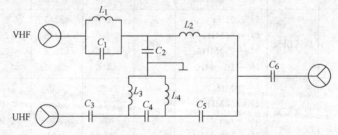

图 2-8 频段式滤波器电路

图 2-9 为频道式滤波器电路，从图中可见，每一个输入端均由多级 L、C 滤波器构成。其主要优点是：插入损耗小，抗干扰能力强。主要缺点是：相互隔离度低，互换性能差。这种混合器每一个输入端的滤波器一般只工作在一个频道范围内，只能输入相应的电视频道。

2）宽带传输线变压器式混合电路

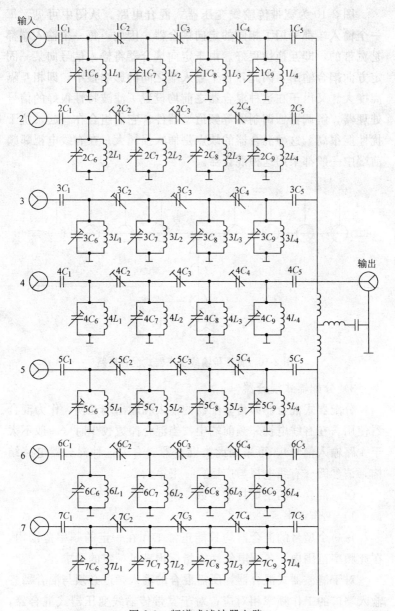

图 2-9　频道式滤波器电路

　　图 2-10 为宽带传输线变压器式混合电路。从图中可见，每一个输入端都采用了相同的定向耦合器，因此，每一个输入端都是宽带的，即互换性很好。由于定向耦合器将输入信号向某一固定方向耦合输出，因此，各个输入端之间的影响很小，即相互隔离度大。又由于在这种混合器之前均设置了滤波特性很好的信号处理器、解调器、调制器等频道型器件，它们组合在一起，抗干扰性能很高。这种混合器的缺点是插入损耗大。在有线电视邻频前端中一般都采用这种混合器。

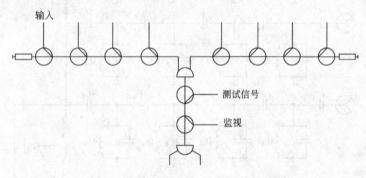

图 2-10　宽带传输线变压器式混合电路

　　3）分配器式混合器

　　分配器式混合器即将分配器的输入和输出端互换，作为混合器使用。在有线电视邻频前端中，当混合路数较少时（一般不大于 4 路输入信号），可采用此类混合器。有关这种混合器电路结构，请参阅《有线电视与广播》一书第六章。

　　（4）混合器的主要技术参数

　　1）工作频率

　　每一个型号的混合器均只能正常工作在一定的频率范围内，在此频率范围内，各项电气性能指标均满足一定的要求。

　　对于滤波器式混合器，所需混合的输入频道必须与混合器各输入端口的工作频率相对应；对于宽带传输线变压器式混合器，有上限频率为 450MHz、550MHz、750MHz 等的混合器，需要根据有线电视系统的工作频率范围来选择。

2）插入损耗

对于无源混合器而言，串接在前端电路中，总是要消耗一定的功率。混合器输入功率与输出功率之比称为插入损耗；若采用分贝表示则为输入端电平与输出端电平之差。即：

$$插入损耗＝输入端电平－输出端电平（dB）$$

滤波器式混合器的插入损耗比较小，一般不超过 4dB，宽带传输线变压器式混合器插入损耗很大，可达 20dB 左右。

3）带内平坦度和带外衰减

宽带混合器通常要求带内平坦度在 ±1～±2dB 之间，带外衰减大于 20dB。该值越大，说明混合器受带外干扰越小。

4）相互隔离度（指输入端之间）

给某一输入端加入一信号，该信号电平与其他输入端出现的该信号电平之差，称为混合器的相互隔离度。

在有线电视前端中，多路混合器的输入端同时加入了很多电视信号，希望任意一个输入的信号不要在其他输入端出现，或出现的信号很微弱，以免相互影响。当某一输入端开路或短路时，这种相互影响也应降为最低。因此，混合器的相互隔离度越大，各个输入端之间的相互影响就越小，在有多个频道的邻频前端中，要求混合器的相互隔离度大于 30dB 以上。

5）反射损耗

这是反映混合器输入、输出端阻抗匹配程度的一项指标，要求应与其他相接部件之间良好匹配。理想混合器的输入、输出阻抗是 75Ω，但实际阻抗会有所偏差而产生反射波。混合器的反射损耗一般要求：VHF 频段大于 10dB，UHF 频段大于 7.5dB。

（5）常见混合器技术指标

1）美国 PBI-30/6c 有线电视混合器技术指标：

频率范围：47～870MHz；混合路数 16 路；输入口隔离度大于或等于 30dB；插入损耗：15dB（±1.5dB）；输入口、输出口反射损耗：16dB；输入口、输出口阻抗 75Ω；装配支架：19in

标准机柜；外形尺寸：$430 \times 120 \times 45$（mm）；**重量 0.8kg**。

2）北京电视设备厂 XQH5/6A 混合器技术指标：

频率范围：$45 \sim 860$MHz；相互隔离大于或等于 25dB；插入损耗小于或等于 16dB；带内平坦度小于或等于 ± 1.5dB；混合路数 16 路；输入、输出口反射损耗 16dB；外形尺寸 $480 \times 180 \times 40.4$（mm）；装配支架：19in 标准机柜。

3）国内部分厂家生产的混合器主要性能指标见表 2-11。

部分国产混合器性能指标　　　　　　　表 2-11

型号	混合频道	插入损耗(dB)	相互隔离(dB)	电压驻波比	厂　　家
BH2A	$1 \sim 5$ 与 $6 \sim 12$	<1.5	25	1.5	
BH2B	$1 \sim 12$ 与 $13 \sim 66$	<2	25	1.8	北京电视天线厂
BH4A	4 个不相邻频道	<3	20	1.8	
BH4B	$1 \sim 5$ 与 $6 \sim 12$ UHF 频道与闭路电视信号用 $1 \sim 5$ 频道中任一频道	$1 \sim 5$ 频道<4 其余<1.5	20		北京电视天线厂
BH4C	$1 \sim 5$ 与 $6 \sim 12$ UHF 频道与闭路电视信号用 $6 \sim 12$ 频道中任一频道	$6 \sim 12$ 频道<4 其余<1.5	20	$\leqslant 1.6$	北京电视天线厂
HH-4	40MHz$\sim$230MHz 中 4 路	$\leqslant 7.5$	$\geqslant 24$	<1.6	
HH-5	40MHz$\sim$230MHz 中 5 路	$\leqslant 4$	$\geqslant 20$	<2.5	上海广播器材厂
HH-7	40MHz$\sim$230MHz 中 7 路	$\leqslant 4$	$\geqslant 20$	<2.5	

二、线路放大器和光放大器

1. 线路放大器

线路放大器又称输出放大器，简称"线放"。它担负将节目电平提升到所需值和将输出阻抗变换到所需值的任务，以供录音或信号传输之用。

线路放大器的输出阻抗通常为 600Ω（或 150Q），额定输出电平分有若干档，可以适应录音、扩音和线路传送等不同需求。

在输出端接有用来指示信号电平的音量表。按音量表的动态特性来分，目前采用的有音量单位表（亦称 VU 表）与峰值音量表（亦称 PPM 表）两类。

VU 表采用平均值检波，按简谐信号的有效值确定刻度，故它是一种准平均值表。它由动态特性较好的直流电流表、桥式整流器及电阻衰减器等组成。VU 表的表面刻度单位有分贝和百分数，指示范围为 $-20 \sim +3$VU。如图 2-11 所示，0VU 即 100%，位于满刻度的 70%左右，这相当于在 VU 表输入一个功率电平为 $+4$dB（相当于 1.288V）、内阻 600Ω、频率为 1kHz 的正弦波简谐信号的电压时表针应指示的位置。当一个正弦信号突然加在表的输入端时，VU 表上的读数不能立即反映实际电平的变化，所以 VU 表的指示值与实际峰值电平之间有一定的差距。

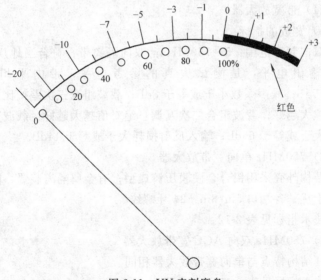

图 2-11　VU 表刻度盘

PPM 表又称峰值节目电平表（简称峰值表），它使用峰值检波器，但刻度是用简谐信号的有效值刻制的，因而它是一个指示信号准峰值电平的音量表。它通常在检波器后接对数放大器，将信号电压变换成电平（取对数），从而扩展了表头的指示范围。PPM 表指针上升极快，而下降很慢，因此它既能反应及时，又便于观看。现在的峰值表除用表针指示外，还有用发光二极管（LED）显示以及液晶显示的。

由于 VU 表只能指示输入信号的准平均值，而不能指示输入信号的峰值，因而 VU 表不能指示电路过载引起的节目信号失真。而 PPM 表可测出信号的摆幅，能精确地指示出节目的峰值，所以，PPM 表作监测声频节目电平时比 VU 表优越。但人的耳朵对声音的响应，更多地接近于 VU 表而不是接近于 PPM 表。总之，从节目播送来说，用 VU 表比用 PPM 表好；在节目录制时，尤其是立体声节目，PPM 表与 VU 表并用更为合适。

线路放大器包括干线放大器（带宽放大器）和分配放大器两部分。

（1）带宽放大器

1）宽放的指标

双向频率范围：5～750MHz；双向隔离带：符合当地规定，标称输出电平，是测试失真的参考电平；带内平坦度：±0.75dB；噪声系数小于或等于 8dB；载波组合三次差拍比：绝对值越大越好；载波组合二次互调：绝对值越大越好；载波交流声比大于或等于 66dB；输入反射损耗大于或等于 14dB。

2）750MHz 单向宽带放大器

结构外壳采用铝合金硬膜压铸成型；有金属隔离装置，防止射频干扰；各端口 5in/8in－24 牙螺纹。

技术指标见表 2-12。

3）750MHz 双向 AGC 宽带放大器

其结构特点与单向宽带放大器相同。

技术指标见表 2-13。

（2）分配放大器

LGF1800 分配放大器系列技术指标见表 2-14。

2. 光放大器

（1）光放大器的种类

光放大器有两类。有线电视常常用光纤放大器，光纤放大器

表2-12

750MHz 单向宽带放大器技术指标

序号	项目	单位	XQF 1732N	XQF 1733E	XQF 1721E	XQF 1728E	XQF 1735F	XQF 1732E	备注
1	频率范围	MHz	47～750	47～750	47～750	47～750	47～750	47～750	
2	最小满增益	dB	≥32	≥33	≥21	≥28	≥35	≥32	
3	标称增益	dB	32	33	21	28	35	32	
4	标称输出	dBμV	104	105	93	94/98.5 /100	100/102.5 /105	98/102.5 /104	在 7/550 /750MHz
5	带内平坦度	dB	±0.75	±0.75	±0.75	±0.75	±0.75	±0.75	
6	输入/出反射损耗	dB	≥14	≥14	≥14	≥14	≥14	≥14	
7	噪声系数	dB	≤9	≤8	≤9	≤8	≤8	≤8	
8	载波组合三次差拍比	dB	55	59	74	67	62	63	
9	载波组合二次差拍比	dB	55						
10	载波交流声比	dB	≥66μs						
11	耐用冲击电压	kV	5(10/700μs)						
12	供电方式	命名	3.4	2.3、4.5	3	2.3	2.3	2.3	
13	消耗功率	W	15	20	18	20	20	20	

750MHz 双向 AGC 宽带放大器技术指标　　表 2-13

序号	项　　目	单位	XQF1726G	XQF2722DG	XQF2726DG	备注
1	双向频率范围	MHz	\multicolumn{3}{c	}{5~750}	
2	分割率及反向放大	命名	00、04、07、08、14、15、17、18			
3	最小满增益	dB	≥30	≥27	≥31	
4	标称增益（双向）	dB	26	22	26	
5	标称输出电平（模拟59）	dBμV	93/98	87/94	91/98	
6	带内平坦度	dB	±0.75	±0.75	±0.75	
7	输入输出反射损耗	dB	≥14	≥14	≥14	
8	噪声系数	dB	≤8	≤8	≤8	
9	载波组合三次差拍比	dB	≥77	≥75	≥75	
10	载波组合二次差拍比	dB	≥75	≥70	≥70	
11	载波交流声比	dB	≥66	≥66	≥66	
12	耐冲击电压	kV	5(10/700μs)			
13	供电方式	命名	2.5	2.5	2.5	
14	消耗功率	W	21	21	21	
15	端口载流能力	V/A	60/6	60/6	60/6	
16	平坦度校正	—	有			
17	AGC 特性	dB	±3.0/±0.3	±3.0/±0.3	±3.0/±0.3	导频 448.25 MHz 或按需求

有工作波长为 1550nm 的掺铒（Er）光纤放大器 EDFA 和工作波长为 1310nm 的掺镨（Pr）光纤放大器 PDFA 两种。掺铒光纤放大器常常用来放大 1550nm 波长的光，放大 1310nm 波长的掺镨光纤放大器目前刚刚达到实用阶段。

与半导体激光放大器相比，掺铒光纤放大器优点如下：工作波段为 1550nm，与光纤低损耗波段一致；信号带宽可达 30nm（每 nm 折合 125GHz）以上，可用于宽带信号放大，特别是波分复用系统；有较高的饱和输出功率，可用于光发送机后的功率放大，噪声系数小。

LGF 分配放大器系列产品性能指标　　表 2-14

参　　　数＼型　　号		LFG1827D2(K) LFG1827QD1(2)	LFG1830D2(K) LFG1830QD1(2)	LFG1833D2(K) LFG1833QD1(2)
用途		用户信息分配		
工艺		推挽		
工作频率(MHz)		47～550		
噪声系数(dB)		7		
平坦度(dB)		±0.75		
标准工作增益(dB)		27	30	33
标准输入电平(dBμV)		77	74	71
标准输出电平(dBμV)		104		
手动增益调节范围(dB)		＞15		
C/HUM(dB)		＞60		
C/CTB(dB)		60		
C/CSO(dB)		62		
输入输出反射损耗(dB)		＞16		
输入检测(dB)		－20		
输出检测(dB)		－20		
电源	源电压适应范围	AC60V 或 220V±10%　50Hz		
	功率消耗	20VA		

　　掺铒光纤放大器常常作中继放大器，用于远距离光缆传输系统。也可以紧接着小功率光发送机，用于提高光功率。

　　(2) 光放大器的技术参数

　　1) 增益 G 与饱和输出光功率

　　光放大器增益 G 定义为输出光功率和输入光功率之比：

$$G = 10\lg(P_{out}/P_{in})$$

式中　　P_{out}——放大器输出光信号功率；

　　　　P_{in}——放大器输入光信号功率。

　　掺铒光纤放大器增益与泵浦光强度、输入光信号功率、输入光波长和掺饵光纤性能有关。

2）噪声和噪声系数 N_F

光纤放大器的噪声主要包括输入光信号和放大器自发辐射的差拍噪声，以及自发辐射之间的差拍噪声。掺饵光纤长度，掺饵的浓度，光输入信号电平，激励光源的强度与波长，激励光注入方向均影响噪声系数。光纤放大器的噪声系数都是用光/电转换器将光信号转变为电信号后，再测量噪声系数。因此，光纤放大器的噪声系数与电放大器的噪声系数定义相同。光纤放大器的噪声系数大多在 5dB 以下。

3）非线性失真

光信号通过光纤放大器后产生非线性失真的原因是在光发送机端进行 AM 直接调制时，激光器产生调频效应（即 Chriping 声），产生与信号不同的波长，而光纤放大器增益随着输入光波长不同而不同，因此光信号通过光纤放大器后产生非线性失真，特别是二次非线性失真 CSO。为了解决这个问题，在有光纤放大器的系统中，常常选用双口输出外调制光发送机。

由于受到 SBS 阈值的限制，目前大于 17dBmW 输出的光放大器不能用于长距离（大于 50km）点到点传送，但可用于经过光分路器带动多个光节点。

4）波长范围

光放大器的波长标称值和精度应与光发送机一致。

紧接光发送机的光放大器安装在前端机房内，它要求的输入功率较作为中继放大的光放大器小，噪声系数也较小。

（3）几种光放大器的主要性能比较见表 2-15。

光纤放大器和半导体激光放大器性能比较　　表 2-15

类型 性能	EDFA 光纤 放大器	PDFA 光纤 放大器	半导体激 光放大器
输出功率(dBmW)	17～27	20	9～18
带宽(mm)	40	30	60
噪声系数(dB)	3～5	5	5～9
泵浦电流或功率	20～100nW	500nW	10～100mA

三、调制器

电视调制器是一种将电视节目的视、音频信号转换成电视射频信号的装置。

电视调制器的输入视、音频信号，可以来自摄像机、录像机、影碟机，电影、电视机或其他视、音频播出设备，也可以是经过卫星接收机和微波接收机解调的视、音频输出，还可以是电视解调器的视音频输出或其他视音频处理设备的输出。通常，对电视调制器的要求类同于对电视发射机的性能要求，只是功率不同而已。

几种电视调制器的产品，介绍如下：

1. 美国 PBI-4000M 专业级捷变式邻频电视调制器

技术指标：

(1) 射频（RF）特性

输出频率范围：48～550MHz（CH_1～CH_{22}、Z1～Z38 频道连续可调）；频道准确度小于或等于±5kHz；输出频率微调节范围：最大±4MHz（0.5Hz 步进）；输出电平：最大 $120dB\mu V$；输出电平调节范围：0～－20dB；图像/伴音功率比：10～20dB 连续可调；输出阻抗 75Ω；射频输出反射损耗大于或等于 120dB；寄生输出抑制大于 60dB；邻频抑制比小于或等于 －45dB。

(2) 中频（IF）特性

图像载频 38MHz；伴音载频 31.5MHz；输入、输出阻抗 75Ω；图像中频输入输出电平 $90dB\mu V$。

(3) 视频（VIDEO）特性

视频输入电平：$1.0V_{p-p}$（对应于 87.5% 调制度）；微分增益小于或等于 3%；微分相位小于或等于 3°；色度/亮度时延差小于或等于 45ns；视频相位能力大于或等于 26dB；输入形式：正极性图像合成信号；视频带内平坦度小于或等于±1dB；调制度范围 0～9% 连续可调；输入阻抗 75Ω；视频信噪比（S/N）大

于或等于 55dB；ZT 脉冲 K 系数小于或等于 2%。

（4）音频（AUDIO）特性

音频输入电平大于或等于 $0.5V_{p-p}$（±50MHz 频偏）；音频副载波频率：$6.5MHz±1kHz$；谐波失真：0.5%；音频频率响应 ±1dB；输入阻抗 600Ω；音频信噪比大于或等于 60dB；音频预加重 50μs。

（5）一般特性

电源电压 AC220V 50Hz；工作环境温度 5～45℃；输入输出接头：英制 F 型；体积：483×310×45（mm）；重量 3.6kg。

2. 比利时巴可公司 PLLSAR 系统电视调制器

技术指标

（1）一般指标（所有指标在射频输出终接 75Ω 通过式负载条件下测量）

室温范围：指标以内 10～40℃，操作：0～45℃，储藏：－20～80℃；电源供应：230V±8% 50Hz；电源消耗：最高 5W；重量：5.4kg。

（2）输入

1）视频输入

输入阻抗：75Ω（平衡的或不平衡的）；输入强度 $1V_{p-p}±6dB$，调制度 87.5%；接头：BNC；回波损耗大于或等于 30dB（100kHz～6MHz）；交流哼声抑制大于或等于 20dB（后沿电平位）；视频丢失报警：门限 $0.5V_{p-p}$。

2）音频输入

① 单声道：

输入阻抗：600Ω 或 10kΩ（平衡的或不平衡的）；输入电平：标称＋6dBmV；范围：－10～＋10dBmV，±50kHz 频偏；带宽 15kHz。

② IRT 双载波立体声：

输入阻抗：600Ω 或 10kΩ（平衡或不平衡的）；输入电平：标称＋6dBmV；范围：－10～＋10dBmV，±30kHz 频偏；前面板可调节。

（3）射频输出

接头：BNC 型；输出阻抗 75Ω；回波损耗大于或等于 15dB 在 F_V-1MHz 和 $F_V+5.5MHz$ 之间，F_V 为基准频率；频率：一个频道在 45～600MHz，一个频道在 470～860MHz 之间，捷变频式对以上两种步进均为 12.5kHz；输出电平：50～60dBmV，前面板可调，显示值允许误差±1dB；频率响应：

视频到射频的测量　　　　　基准频率＝$F_V+250kHz$

　　±0.5dB　　　　　　　　　　　　－1dB

$F_V-0.6/F_V+5.00MHz$　　　$F_V-0.6/F_V+6.00MHz$

斜率控制：±0.5dB 带有平坦的频道滤波器；斜率校准：±0.5dB 的频道滤波器倾斜校正；相位噪声：大于或等于 98dBc/Hz 在 20kHz；谐波和杂散输出大于或等于 60dB。

声像比：单声道－10dB（调节－8～20dB）；IRT 双载波立体声声道 1：－13dB（调节－11～23dB），声道 2：－20dB（调节－18～30dB）。

（4）中频环

回波损耗：大于或等于 18dB（$F_V-1MHz\sim F_V+5.5MHz$）；接头：组合中频环 BNC，50Ω、其他中频环 F 型，75Ω；输入输出电平：组合中频环 40dBmV、伴音中频环＋34dBmV。

（5）遥控

通信接头：SUBD9 针，RS485 接口；状态和控制：螺丝安装连线在快速切断插头上。

3. 国产电视调制器

（1）Nexus VM-2000 型电视调制器

（PALD/K）

1）视频

电平输入范围：0.5～1.5V_{p-p} 阻抗（用户可选）：75Ω（出厂预置）10（kΩ）

输入回波损耗：＞30dB

频率响应：±0.5dB（50kHz～5.8MHz）（非复合视频输入）

微分增益：＜2％

微分相位：＜1°

色亮度增益表：±5％

2）音频（基本音频输入）

输入电平范围（用户可选）：－25～－5dBmV

色亮度延时差：±20ns

长时间波形失真：＜5％

场时间波形失真：＜2％

行时间波形失真：＜2％

色亮度交调：＜1％

亮度非线性：＜2％

色度非线性增益：＜1％

色度非线性相位：＜1％

K 系数：＜2％

－10～＋10dBm（出厂预置）

＋5～＋25dBm

阻抗（用户可选）：600Ω，平衡（出厂配置）；10kΩ，平衡或非平衡

信噪比：＞50dBc（30Hz～15kHz）

频率响应：＋1.0dB（30Hz～15kHz）

总谐波失真：＜0.5％（1kHz）

3）射频输出

输出电平：110～120dBμV

输出电平稳定度：±0.5dBc

音频载波电平：－15dBc

阻抗：75Ω

频率范围：48.5～910MHz

频率精度：±5kHz（48.4kHz～300MHz）；±15kHz（550～

910MHz)

寄生输出：−60dBc（A/V@−15dB）。

（2）Nexus 8853D 型电视调制（捷变频）

1）视频信号

输入信号类型：基带图像信号，负同步信号

输入信号电平：$0.5V_{p-p}$ 到 $2.0V_{p-p}$ 值，保证 87.5％调制度

输入阻抗：75Ω 不平衡阻抗

频率响应：±1.0dB，在 25Hz～5.8MHz 频带内

微分相位：1°，在 87.5％调制度下一步。

2）音频信号

输入电平：

300mV 有效值，满足±50kHz 频偏输入

阻抗（可在现场调整）：5kΩ 不平衡阻抗；600Ω 平衡或不平衡阻抗

预加重：50μs

频率响应：±1dB，在 30Hz～15kHz 频段内谐波失真：小于 1％

射频输出：

输出频率：从频道 1～62，带宽为 910MHz 内的任何标准频道包括增补频道。

输出阻抗：75g 不平衡阻抗

输出电平：+110dBμV，另有高输出电平选件，最大输出电平可达+120dBμV

（3）PULSAR 电视调制器

环境温度范围：指标以内：10～40℃

串话在 1kHz 点：

双声道：≥65dB

立体声：≥36dB

中频环（图像在声表面滤波器和伴音中频环之前）

输入和输出电平：

图像中频 IFV：46dBmV

伴音中频：IFS：34dBmV

四、机顶盒

1. 机顶盒（STB）就是一种叫做"数字电视综合解码器"，或"数字电视综合机顶盒"的附加设备，它的作用是接收并处理数字电视节目信号，并将其转换成模拟电视机可以接收的信号，再利用模拟电视机进行显示。数字机顶盒是一个内置高速处理芯片与存储芯片的专用机器。它对接收到的数字信号流进行解码，一是将数字信号流中的数字电视信号转换为普通模拟电视可以接收的模拟电视信号；二是将数字信号流中的包括证券、电视杂志等各种数据信息提取出来并且加以处理和组织，再输出到模拟电视机；三是借助机顶盒强大的处理能力，提供各种其他的辅助功能。总之，数字机顶盒是人们享受数字电视的必须设备。

2. 数字机顶盒的基本功能是接收数字电视广播节目，同时具有所有广播与交互式多媒体应用功能，主要包括：

（1）电子节目指南　电子节目指南（EPG）给用户提供一种容易使用、界面友好、可以快速访问想看节目的方式，用户可以看到一个或多个频道甚至所有频道上近期将播放的电视节目。同时，电子节目指南（EPG）可提供分类功能，帮助用户浏览和选择各种类型的节目。

（2）高速数据广播　高速数据广播能给用户提供股市行情、票务信息、电子报纸、热门网站等各种信息。

（3）软件在线升级　软件在线升级可看成是数据广播的应用之一。数据广播服务器按 DVB 数据广播标准将升级软件传播下来，机顶盒能识别该软件的版本号，在版本不同时接收该软件，并对保存在存储器中的软件进行更新。

（4）因特网接入和电子邮件　数字机顶盒可通过内置的电视调制解调器方便地实现因特网接入功能，用户可以通过机顶盒内置的浏览器上网，发送电子邮件。同时机顶盒也可以提供各种接口与 PC 相连，用 PC 机上网。

（5）有条件接收 有条件接收的核心是加扰和加密，数字机顶盒应具有解扰和解密功能。

目前为止，围绕数字机顶盒的数字视频、数字信息与交互式应用三大核心功能开发了多种增值业务：模拟电视广播、FM 广播；模拟付费（加扰）电视；数字视频卫星数字视频广播；地面数字视频广播；有线数字视频广播；MMDS 数字视频广播；数字付费（加扰）电视；数字音频 IP 电话/传真；音乐点播；实时音频卡拉 OK 点播；数字数据信息点播、数据广播；股市证券信息广播；图文电视；应用程序下载；远程数据库存流向；电子商务；家居银行；交互式多媒体互联网接入服务；远程教育；远程医疗；网上购物；网上收费；电子广告；股市证券服务；网上音频视频广播业务；可视电话与电视会议；社区多功能服务。

五、卫星电视设备

1. 卫星接收天线和馈源

（1）卫星电视接收天线

卫星电视接收系统是由抛物面天线/下变频器（高频头）、卫星中频传输电缆、分路器、卫星接收机组成。见图 2-12。

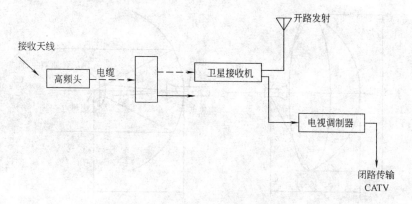

图 2-12 卫星电视接收系统

常用的抛物面天线有前馈式抛物面天线和后馈式抛物面天线两种。

① 前馈式抛物面天线

前馈式抛物面天线的示意图如图 2-13 所示。前馈式抛物面天线类似于太阳灶，它由抛物面反射器和馈源组成，馈源位于抛物面焦点上。由于微波具有似光性，抛物面反射器像一面凹镜一样，把来自卫星的微波射束（可看成平行波束）聚焦于焦点，故抛物面反射器可以把入射的电视微波信号聚焦于馈源使馈源上得到相位相同的增强信号，然后再通过波导馈送到高频头。

前馈式抛物面天线的馈源是背向卫星的，当反射面对准卫星时，馈源方向指向地面，会使等效噪声温度提高，又由于馈源的位置在反射面以上，要用较长的馈线，这也会使噪声温度升高。

② 后馈式抛物面天线

后馈式抛物面天线又称为卡寒格伦天线，它克服了前馈式抛物面天线的缺陷，如图 2-14 所示。它由一个抛物面主反射面、双曲面副反射面和馈源构成。抛物面的焦点与双曲面的虚焦点重合，而馈源则位于双曲面的实焦点之处，双曲面汇聚抛物面反射波的能量，再辐射到抛物面后馈源上。

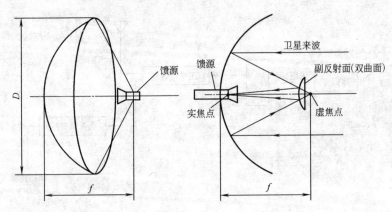

图 2-13　前馈式抛物面天线示意图　图 2-14　后馈式抛物面天线示意图

③ 抛物面天线的主要性能指标

A. 增益

抛物面天线的增益 G 可用下式表示：

$$G = 10 \lg \left(\pi \cdot \frac{D}{\lambda} \right)^2 \text{ (dB)}$$

式中 D——抛物面直径（m）；

λ——天线的工作波长（m）。

根据增益要求确定天线抛物面直径 D 后，天线的形状就取决于焦距 f 的选择。兼顾天线的尺寸不过大，以及天线的电特性方面要求，一般取 $f = 0.2D \sim 0.4D$。

B. 方向性

抛物面天线的方向性用半功率角 θ' 来表示，它是天线方向图中主瓣上功率值下降一半时所对应的角度。增益高，波束就窄，半功率角就小。通常卫星电视接收天线的 θ' 约为 $1° \sim 2°$ 左右。表 2-16 列出了抛物面天线的主要性能指标。

抛物面天线（C 波段）的主要性能指标 表 2-16

直径(m)	增益(dB)	效率 η(%)			噪声温度(K)
		优	中等	合格	
1	30.2	65	60	55	
1.5	33.7	65	60	55	
2	36.2	65	60	55	40
3	39.8	65	60	55	
4	42.3	65	60	55	
4.5	43.6	70	65	60	
5	44.6	70	65	60	
6	46.11	70	65	60	37

④ 抛物面天线的结构

典型的抛物面天线的结构如图 2-15 所示。它分为三个部分，第一部分为天线本身结构，第二部分为俯仰部分，第三部分为方位部分。天线本身结构由反射面、背架及馈源支撑部分构成。反射面一般采用导电性很好的金属材料制成，国内多用高强度铝合金制作，以达到强度高、重量轻、成本低和工艺简单的要求。反射面有两种形式，一种是板状，一种是网状。在 C 频段电视接收中两种形式都可满足要求，高频段一般采用板状。通常 2m 以下天线其反射面采用整体成形，而 2m 以上无论是板状还是网状，多采用多瓣，以便于运输和安装。天线的俯仰部分主要由上三脚架、俯仰销轴和俯仰传动三部分组成，用此结构来调整天线的仰角。方位部分主要由中间圆筒、前支撑杆、方位上下轴头、下三脚架、方位底盘和方位转动六部分组成，它利用转动部分来

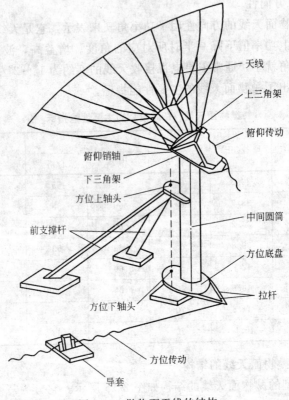

图 2-15　抛物面天线的结构

旋转中间圆筒，达到调整方位角的目的。

（2）馈源

馈源安装在抛物面天线的焦点上。馈源的主要功能有两个，一是将天线接收的信号收集起来，转变成信号电压，供给高频头，二是对接收的电磁波进行极化（圆极化或线极化）选择。一个完整的接收圆极化波的馈源如图 2-16 所示，它能同时接收左旋和右旋圆极化信号，通过 90°移相器转换成水平线极化或垂直线极化信号，然后经圆矩波导过渡，最后从相应的波导同轴转换器输出。用于接收线极化波的馈源与接收圆极化波的馈源基本相同，但没有 90°移相器。

| 馈源喇叭 | 90°移相器 | 圆矩波导转换器 | 波导同轴转换器 |

图 2-16　圆极化波馈源

馈源按使用的方式可分为前馈馈源和后馈馈源。对于抛物面天线，常用的有矩形波导的馈源和圆形波导的馈源。

1）前馈式馈源

前馈式馈源一般应用于前馈式抛物面天线。前馈式馈源中使用最多的是波纹槽馈源，它的结构示意图如图 2-17 所示。波纹槽馈源由带有扼流槽的主波导、介质移相器和一个阶梯圆矩波导

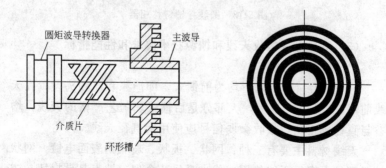

图 2-17　波纹槽馈源

转换器组成。主波导是直径为 0.6～1.1λ 的一段圆波导，在口部配有四圈扼流槽，产生一个平而宽（即在波束轴线两边 60°范围内幅度和相位变化都不大）的辐射方向图。

在前馈馈源中，均加有介质移相器。这个移相器的作用是使进入的圆极化波变为线极化波。由于圆极化波是由两个在空间正交，幅度相等，相位相差 90°的线极化波合成的，如果利用介质传播电波的速度差，选择合适的介质长度，使两个线极化波中的一个超前或滞后 90°，圆极化波就变换成线极化波。

2）后馈馈源

后馈馈源应用于后馈式抛物面天线，其馈源喇叭通常为圆锥型。移相器主要采用的是销钉移相器，它由一段圆波导和在波导壁上相对地插入若干对相移螺钉构成，如图 2-18 所示。通过适当选取螺钉的插入深度，可以使波导内的相移达到预定要求，从而实现圆-线极化波的变换。

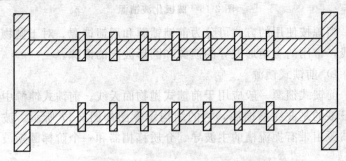

图 2-18　圆波导销钉移相器

（3）卫星电视接收天线和馈源技术要求和性能指标

1）抛物面天线

一般直径 4.5m 以下均为前馈式，即馈源和高频头设置在天线前部；直径 5m 以上，大部分是后馈式。工艺严格的天线，增益与直径成正比，接收微弱信号应使用大直径天线。

天线材料主要有三种：网状、板状、玻璃钢表面电镀。网状一般都是大直径天线使用，优点是风荷合理，缺点是易损坏，建筑和建筑群不宜采用。板状，小尺寸整体冲压成形，大尺寸分瓣；应选择较厚的合金铝板，曲线正确，表面平整，各瓣互换性强，拼装严整的产品，是现用最多的形式。玻璃钢表面电镀，优点是精度高、不弯变形、抗腐蚀、寿命长，缺点是目前只能做4m 直径以下的产品，适于建筑物和建筑群用。

卫星接收天线应尽量降低高度，以避免地面微波干扰，减少风荷的影响。若必须在房顶安装，则一定要置于承重墙上，若不易解决，则应设置一个大面积的槽钢架，以分散承重。无论安装在何处，调整水平、俯仰均应自如，信号来向不应有地物阻挡。

卫星电视接收天线，口径主要有 1.2m、1.5m、1.8m、2.0m、2.4m、3.0m、3.2m、3.5m、3.7m、4.5m、5.0m、6.2m、7.1m、7.4m、9.0m 等。

T1.8-04bs 和 T1.85-12 型 1.8m 卫星电视接收天线，分别用于 C 波段和 Ku 波段的卫星电视接收。天线反射面为 6 块面板拼装组成，背架及座架为钢制件，表面镀锌。支撑机构为手动式俯仰方位型座架。此类天线具有电气性能优越、结构造型美观、抗风性能好等特点。天线主要参数与技术性能指标见表 2-17。

天线主要参数与技术性能指标　　　　表 2-17

参 数 名 称	产 品 型 号	
	T1.8-04bs	T1.8-12
工作频率(GHz)	3.7～4.2	10.95～12.75
反射面焦距(mm)	666	
有效口径(mm)	1800	
反射面分块数	6	
天线型式	主焦前馈	
天线增益(dBi)	35.4	44.5
第一旁瓣(dB)	−14	
广角旁瓣包络(dB)	$32\sim25$lgθ	
驻波系数	1.3	1.3

续表

参　数　名　称		产　品　型　号	
		T1.8-04bs	T1.8-12
天线噪声温度(K)		43	55
极化方式		线极化	
交叉极化鉴别率		30	30
馈线接口方式		法兰盘 FD-40	法兰盘 FD-120
驱动方式		手动	
调整范围	方位角	±180°	
	俯仰角	0°～90°	
环境温度(℃)		−45～+60	
抗风能力		8级风正常工作,10级风降精度工作,12级风不破坏(朝天锁定)	
寿命		10 年	
重量		50kg	

2) 馈源

C/Ku 一体化馈源特点、技术指标：

① 特点

具有四个独立的输出口，同时安装四只高频头，可实现用一副天线同时接收同一颗卫星转的 C 波段和 Ku 波段水平极化和垂直极化，模拟和数字的全部电视节目，可节省一副天线。

② 技术规格：

频率范围：

C 波段 3.7～4.2GHz；Ku 波段 11.7～12.75GHz

电压驻波比：

C 波段≤1.5；Ku 波段≤1.5

极化隔离率：

C 波段≤20dB；Ku 波段≥30dB

10dB 波瓣宽度：

C 波段 2θ＝110°；Ku 波段 2θ＝120°

2. 卫星电视信号接收机

卫星电视接收机是卫星电视地面接收系统的关键设备之一，高频头输出的 950～2050MHz 第一中频信号送入卫星电视接收机，经过卫星电视接收机的处理，送出的是标准视频信号和音频信号。

卫星电视接收机的工作原理如图 2-19 所示。高频头输出的信号通过射频电缆送到预中放和第二下变频器，进行频道选择和频率变换。由第二下变频器输出的信号（频率 f_6 为 136.2MHz）经带通滤波器（BPF）后，送到解调器，解出基带信号，输入到基带信号处理单元。图像信号经低通滤波器（LPF）、去加重、去扩散处理（或对 MAC 制的彩色视频信号进行解调），得到视频全信号。已调频的声音副载波信号经带通滤波、频率解调等处理（或对数字信号进行解调和译码），得到伴音信号。

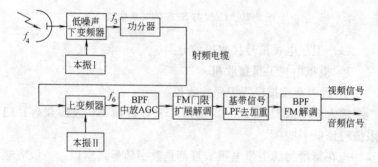

图 2-19 卫星电视信号接收机原理框图

目前，市场上出售的各种卫星电视接收机种类较多。从波段上看，有 C 波段卫星电视接收机，C/Ku 波段兼容型卫星电视接收机。从制式上看，有 PAL 单制式的卫星电视接收机和 NTSC/PAL 双制式的卫星电视接收机等。选用卫星电视接收机时，除注意频段、制式、接口电平、中频频率等是否符合要求外，还应注意尽量选用门限电平较低的卫星电视接收机，这是因为在调频系统中，解调器输出端的信噪比 S/N 与输入端的载噪比 C/N 具

有如图 2-20 的关系曲线。由曲线可看出，存在有一门限电平点
P，C/N 值大于此点的数值时，S/N 与 C/N 成线性关系，而小
于此值时，S/N 将迅速恶化，出现所谓"门限效应"。对应于 P
点的解调器输入端的 C/N 值称为门限电平。显然，门限电平越
低越好。

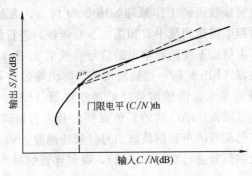

图 2-20　C/N 与 S/N 的关系曲线

（1）卫星电视信号接收机的分类

1）模拟电视卫星接收机

① 通用型模拟电视卫星接收机

输入频率范围：950～2150MHz；C 波段 Ku 波段兼容；门
限值应该低一些。

现在新增加的卫星电视节目都是数字信号，所以，一般应避
免使用模拟卫星接收机。

② 解扰型模拟电视卫星接收机

都是收费卫星信号专用，每家信号源都要用它的专用机型。

2）模拟、数字兼容电视卫星接收机

家庭用比较方便，工程不用。这里不再介绍。

3）数字电视卫星接收机

① 通用型数字电视卫星接收机

输入频率范围：950～2150MHz；C 波段 Ku 波段兼容；单
节目单载波 SCPC、多节目单载波 MCPC 兼容；字符率：

SCPC 2～10ms/s，MCPC 18～45ms/s；门限值小于或等于 5.5dB（卷积 FEC＝3/4），具有模拟视频信号、分时信号输出；卷积编码比率可选：1/2、2/3、3/4、5/6、7/8。

目前，绝大部分数字卫星电视信号，都采用欧洲的卫星用数字广播制式 DVB-S，数字电视信号编码压缩采用 MPEG-Ⅱ，且采用正交相移键控 QPSK 的数字市制方式。

② 解扰型数字电视卫星接收机

只是增加了解扰，其余同通用机型 MPEG-II，QPSK；采用美国的 ATSC 制式，数字电视信号编码压缩采用 DiyiciPhi2，QPSK 调制。

（2）卫星接收机型号、技术数据

1）PBI（DVR-1000）卫星接收机

该数字卫星接收机可用于接收符合 DVB-S/MPEG-Ⅱ标准的无加扰数字卫星电视信号；对 SCPC/MCPC，C 波段和 Ku 波段信号兼容。

技术指标：

标准规范：DVB-S；解调方式 QPSK；码流率：2～45MSPS；输入信号频率：950～2050MHz；输入电平：－65～25dB；中频带宽：36MHz；输入信号接头，F 头；视频解码方式：MPEG-1，MPEG-2；视频输出方式：PAL/NISC（自动选项）；视频输出比例 4：3（16：9）；视频输出解析度：PAL（720×570），NTSC（720×480）；音频解码方式：MPEG-1，MPEG-2；音频输出模式：单声道、双声道、立体声；音视频输出接头：两个 RCA，射频输出：DAL-D（可选）；LNB 极化电压控制：13/18V，短路保护；LNB2 控制：开/关；Diseqc：版本 1.0；电压：110～265V，50Hz；功耗 25W；体积：480（W）×270（D）×60（H）（mm）。

2）COSHIP CDVB-2000G（T）数字卫星接收机

技术指标：

① 系统

系统性能：符合 DVB-S 标准

② 调谐

输入连接器：单 F 型母头

输入电平：$-75\sim25\text{dBmV}$

解调方式：QPSK

字符率：$2\sim50\text{ms/s}$

FEC 解码率：$1/2$、$2/3$、$3/4$、$5/6$、$7/8$

③ 视频

解码：MPEG-2 Mainpofile@Mainlevel，

阻抗：75Ω

输出比例：$4:3$ 或 $16:9$（仅适用于 CDVB3300）

输出电平：1.0Vp-p

④ 音频

解码：MPEG-1 LAYERI，Ⅱ ISO/IFC11172-3

阻抗：600Ω

⑤ 图文数据：

解码：符合 DVB 标准 EN300472

⑥ 常规

输入电压：$85\sim265\text{VAC}$ 50Hz

尺寸（长×宽×高）：$483\times184\times44.5$（mm）

RS 解码：（204，188，8）

LMB 电源：14V/18V，300mA，电流过载保护

TONE SWITCH：22kHz

Diseqc 控制：兼容 1.0 版本

3）TITAN 数字卫星接收机

① 特点：

完全的 DVB PSI/SI 处理；不能处理非 DVB 信号的 PSI/SI；DVB 和图文字幕；DVB 图文电视的转换，重新插入 PAL 输出中（VBI）；伴音、字幕、图文和自动语言选择；PAL/NTSC 制式的自动选择；测试信号（VITS）生成；断电后的自动恢复；

现场软件升级；前面板键盘和 LCD 显示；可编程的报警继电器输出。

② 技术指标：

A. 一般指标

环境温度范围：工作温度：0 ～ 45℃　　贮存温度：−20～70℃

电源：110～240V±10％，45～440Hz

耗电量：取决设备配置

重量：大约 11kg（241bs）

尺寸：1.75″H×19″W×18.5″D（44.5mm 高×483mm 宽×470mm 深）

B. 电气指标

（A）QPSK 解调模块：

输入接口：F 型，75ohm；输入电平：−60～＋30dBm；频率范围：950～2050MHz；LNC 电源：13V，18V 或断电；

可接收的码率：波特率±10％；

解码后的典型 Eb/No（BER 2×10^{-4}）：

4.5dB（R＝1/2）

5.0dB（R＝2/3）

5.5dB（R＝3/4）

6.0dB（R＝5/6）

6.4dB（R＝7/8）

字符率：2～8Mbaud（SCPC）

19-30Mbaud（MCPC）

（B）视频输出：PAL/NTSC

频率响应（PAL）：0～4.4MHz，±0.5dB；4.4～5.0MHz，−1.5～＋1.5dB；频率响应（NTSC）：0～4.2MHz，0.5dB；群时延：0～5.0（4.2）MHz，±40ns；2TK 因子；＜10％；S/N（CCIR 569）：＞56dB；2 路视频输出：1Vpp，BNC（阴型），75Ω。

(C) 音频

频率响应（采样率 44.1 或 48kHz）：

20Hz～20kHz，±0.5dB；14.5～15kHz，−1～+0.5dB；

频率响应（采样率 32kHz）：20Hz～14.5kHz，±0.5dB；

14.5～15kHz，−1～+0.5dB

输出阻抗：<20Ω

输出接口：平衡 MiNi XLR

(D) 生成的测试信号（VITS）

测试行：CCIR line 17，18，330，331

(E) 图文电视译码器

源系统：ETS 300～472（DVB）

输出系统：CCIR 653 系统 B

相对视频时延：+/−1 帧

4）SAT200 卫星接收机

① 特点：

· 频率范围 930～2050MHz，IF 带宽可切换用于接收现有的卫星信号

· 调谐采用 APC（自动频率控制），"自动调谐控制"使得 APC 围绕中心频率再调节

· 具备电平测量功能用来监测 LNB 传来的信号电平。

· 内置的输出视频信号 S/N 测量，可使用户分析系统的性能

· 视频和音频输出电平可由软件控制

· 程序控制的预设定使不同卫星节目的切换非常易于实现

· 所有功能均可由 ROSA（BARCO 软件管理系统）遥控

· 包括多格式去加重在内的两个可调谐伴音调器

② 技术指标：

A. 一般指标

环境温度范围：

指标以内：10～40℃

工作温度：0～45℃

贮存温度：−20～80℃

电源：110～220V，±10％，48～62Hz

耗电量：最大40W

重量：大约5.4kg（11.9lbs）

尺寸：1.75″H×19″W×18.5″D（44.5mm 高×483mm 宽×470mm 深）

B. 输入

RF 输入：

阻抗：75Ω

接口：BNC

输入频率

范围：930～2050MHz

输入电平

范围：−20～62dBmV

IF 带宽：27 或 36MHz，可选择

C. 视频输出

（A）后电板一路视频输出：

电平：1Vp-p，±3.5dB 前面板调节；阻抗：75Ω；接口：BNC；幅频响应：50Hz～5MHz±0.5dB＞5.6MHz，最小−10dB；去加重；CCIR625 或 525 行 MAC 可选择。

（B）典型视频输出

亮条幅度（参照条幅度）：±1％；基线失真：≤±2％；白条幅度：≤±1％；2T 幅度（参照条幅度）：±5％；亮度非线性：≤±3％；色/亮时延差；≤±20ns；S/N（加权，参照0.7V）：62dB；微分增益（峰峰值）：4％；微分相位（峰峰值）：2°；同步脉冲幅度（参照条幅度）：±3％；彩色副载波幅度（参照条幅度）：±4％，1 路基带信号，后面输出；电平：$1V_{p-p}$；阻抗：75Ω；接口：BNC；视频响应：0～8MHz；±0.5dB；去加重：CCIR625 或 525 行，MAC 可选择。

5）DVB-S CDVB3188C 数字卫星接收机

① 产品简介：

CDVB3188C 数字卫星接收机完全符合 DVB-S 标准。它采用富士通（FUJITSU）强大的单芯片处理器 MB87L2250。它不但继承了 CDVB3188A 的所有优点而且还具有快速模拟寻星和快速节目盲扫功能，是一款性价比较高的家用数字卫星接收机。

② 产品特点：

符合 DVB-S/MPEG-2 标准；

富士通单片 MPEG-2 解码芯片设计；

QPSK 调制，符号率支持 $2.0\sim45\text{ms/s}$；

支持卫星节目的盲扫搜索（无需频率，符号率参数）；

支持快速寻星的模拟场强显示（无需电视机）；

1000 个可编辑的电视节目和 200 个可编辑的广播节目；

可通过 RS232 串口本地升级和机器对机器升级；

支持 DiSEqC1.0；

支持 13V/18V/OFF、O/12V、22K 开关；

SCPC/MCPC，C/Ku 波段兼容；

自动前向纠错：

PAL/NTSC 自动识别；

LNB 电源短路保护；

多语言菜单，友好的用户操作界面；

高保真立体声输出。

第三章　同轴电缆和光纤传输系统

第一节　同轴电缆传输系统

一、同轴电缆

1. 同轴电缆的结构

同轴电缆在有线电视系统中起传输信号的作用，其质量优劣将直接影响到传输信号的质量和稳定性。常用的同轴电缆是由内导体、绝缘体、屏蔽层和外保护层四个部分组成，其典型结构如图 3-1 所示。

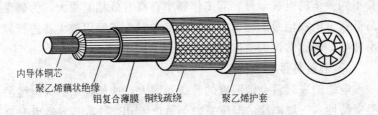

内导体铜芯　　聚乙烯藕状绝缘　　铝复合薄膜　铜线疏绕　　聚乙烯护套

图 3-1　同轴电缆结构图

内导体在电缆中主要起信号传导作用，常采用实心铜导线。大直径电缆为了增大机械强度，也有采用铜包钢作为内导体的。

屏蔽层由铜丝编织而成，起导电和屏蔽双重作用，使用时金属屏蔽端应接地。

绝缘体处于内导体与金属屏蔽层之间，要求采用高频损耗小的绝缘介质，制成类似莲藕心的结构。绝缘体的支撑作用使内导体与屏蔽层同心，故称为同轴电缆。

外保护层是由橡胶、聚乙烯等材料制成，包裹在屏蔽层之外，有机械保护和密封防潮、防腐蚀的功能。

2. 同轴电缆的性能指标、型号与性能比较

（1）同轴电缆主要指标

1）特性阻抗

在有线电视系统中，凡用电缆线连接的各个部件都要求达到阻抗匹配。因此，同轴电缆的特性阻抗是工程设计和安装时要考虑的重要参数。同轴电缆的特性阻抗与内导体的直径 d、金属屏蔽层的内径 D 和绝缘材料的介电常数 ε 有关，可用下式计算：

特性阻抗
$$Z_\circ = \frac{138}{\sqrt{\varepsilon}} \lg \frac{D}{d}$$

2）衰减特性

衰减特性反映了电缆传送电视信号时的损耗大小。通常衰减量 β 用 dB/m 或 dB/100m 来衡量，要求电缆有尽可能小的衰减量。

衰减量 β 由内导体的损耗和绝缘介质损耗两部分组成，这两种损耗会随工作频率的升高而增大。有线电视台通过电缆传送多套不同频道的电视节目，其工作频率有高有低相差很大，为确保高低频道电视信号的均衡，长距离传输时，需要用放大器进行频率补偿，即通常说的斜率自动补偿。

3）温度特性

电缆的衰减量会随温度的升高而增大，这种现象称为电缆的温度特性。一般电缆的温度系数为 0.2% dB/℃，即当温度升高 1℃ 时，电缆的衰减量在原来的衰减量上增大 0.2%。信号长距离传输时，必须进行温度补偿。

4）回波损耗

回波损耗是由于电缆特性阻抗不均匀而导致反射波及衰减量的增加，对图像清晰度影响较大。产生回波损耗的原因有电缆本身的质量问题，也与使用、维护不当有关，主要有：

① 生产过程中电缆的结构尺寸产生偏差或材料变形；

② 安装时，电缆线在拐角处被弯曲成直角或被压扁，引起

结构变形；

③ 电缆因受潮及高温等因素引起材料变质，引起特性阻抗变化。

（2）同轴电缆的型号与性能比较

1）同轴电缆的型号

国产同轴电缆的型号由四部分组成：即分类代号、导体和绝缘材料。护套材料，以及参数。

电缆字母含义，见表 3-1。

电缆字母含义表 表 3-1

分类代号		绝缘材料		护套材料		派生特性	
符号	意义	符号	意义	符号	意义	符号	意义
S	同轴射频电缆	Y	聚乙烯	V	聚氯乙烯	P	屏蔽
SE	对称射频电缆	W	稳定聚乙烯	Y	聚乙烯	Z	综合
SJ	强力射频电缆	F	氟塑料	F	氟塑料		
SG	高压射频电缆	X	橡皮	H	橡皮		
SZ	延时射频电缆	I	聚乙烯空气绝缘	M	棉纱编织		
ST	特性射频电缆	D	稳定聚乙烯空气绝缘	B	玻璃丝编织		
SS	电视电缆				浸硅有机漆		

型号举例：

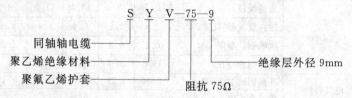

S Y V—75—9

同轴轴电缆
聚乙烯绝缘材料
聚氟乙烯护套
阻抗 75Ω
绝缘层外径 9mm

2）几种同轴电缆的性能比较

同轴电缆绝缘层多采用聚乙烯材料，但制造工艺有所不同，常见的有实心结构、化学发泡、藕心结构和物理高发泡几种类型，下面对这几类同轴电缆的电性能进行比较说明。

① 实心结构电缆（SYV 型）该类电缆制造容易，阻抗特性好，但对信号衰减很大。实心结构电缆属 20 世纪 60 年代之前的产品，现已被淘汰。

② 化学发泡电缆（SYFV、SYFA）该类电缆由于生产过程

中有化学发泡剂残留在电缆绝缘层内，很容易吸潮引起高频信号衰减加大，到 20 世纪 80 年代后也很少使用。

③ 藕心结构电缆（SYKV、SDVD）该电缆具有高频损耗小，制造工艺简单等优点，是近年来有线电视系统广泛使用的电缆类型。存在的主要缺点是：几何结构容易变形而引起阻抗不均匀；另外该电缆一旦水漏进藕心绝缘层沿纵孔渗透，将使损耗急剧增大。

④ 物理高发泡电缆（SYPFV、SDGFV）该电缆的绝缘层包含大量微形气泡，相互隔离开，所以不容易吸潮。物理高发泡电缆的损耗很低，阻抗特性均匀，使用寿命长，属质量指标最优的产品。

3）美国 MC^2 系列、国产藕心电缆及物理发泡电缆每米衰减值见表 3-2、表 3-3。

美国 MC^2 系列同轴电缆技术参数　　　　表 3-2

项　目	型　号	400″	500″	650″	750″	1000″
	中心导线直径	2.7	3.1	4.0	4.8	6.3
	裸线外径	11.4	13.0	16.3	19.3	25.8
	空缆线径	13.3	14.9	18.2	21.2	27.7
尺寸(mm)	地缆线径	13.8	15.4	18.7	21.7	28.2
	附挂线线径	2.8	2.8	6.4	6.4	6.4
	抗啮钢管厚度	0.2	0.2	0.2	0.2	0.2
	抗啮钢管外径	19.3	20.8	24.1	27.4	34.0
电气特性	环路阻抗20℃/Ω	2.04	1.57	1.01	0.73	0.41
	传导率	93%				
机械特性	抗弯半径(cm)	12.7	15.2	17.8	20.3	33
	抗拉强度(kg)	100	123	163	227	377
信号传输损耗 (dB/100m)	5MHz	0.56	0.46	0.36	0.33	0.23
	30MHz	1.35	1.15	0.92	0.82	0.59
	45MHz	1.67	1.42	1.12	1.00	0.72
	55MHz	1.84	1.57	1.25	1.12	0.79
	100MHz	2.46	2.13	1.67	1.48	1.08
	110MHz	2.63	2.24	1.78	1.57	1.15
	175MHz	3.31	2.82	2.26	1.97	1.49
	200MHz	3.55	3.04	2.43	2.12	1.58

续表

项 目 \ 型 号		400″	500″	650″	750″	1000″
	211MHz	3.64	3.12	2.49	2.17	1.61
	230MHz	3.82	3.26	2.61	2.28	1.70
	250MHz	3.97	3.38	2.72	2.36	1.77
	270MHz	4.13	3.54	2.82	2.46	1.84
	300MHz	4.26	3.74	2.99	2.59	1.97
	350MHz	4.72	4.04	3.25	2.82	2.13
	400MHz	5.05	4.33	3.48	2.99	2.30
信号传输损耗	450MHz	5.38	4.60	3.71	3.18	2.43
(dB/100m)	500MHz	5.64	4.86	3.90	3.38	2.56
	600MHz	6.19	5.32	4.28	3.69	2.81
	650MHz	6.44	5.55	4.46	3.84	2.93
	700MHz	6.69	5.76	4.64	3.99	3.05
	750MHz	6.98	5.97	4.81	4.13	3.16
	800MHz	7.15	6.17	4.97	4.27	3.27
	860MHz	7.42	6.40	5.16	4.42	3.40
	880MHz	7.51	6.48	5.22	4.48	3.44

国产同轴电缆技术参数   表3-3

型号	内导体直径（mm）	绝缘外径（mm）	电缆外径（mm）	特性阻抗（Ω）	电容（pF/m）	衰减(dB/100m)		
						30MHz	200MHz	300MHz
SDVC-75-5	1.00	4.8±0.2	6.8±0.3			≤4.1	≤11.0	≤22.5
（耦心）-7	1.50	7.3±0.3	10±0.3	75±3	58	≤2.8	≤7.9	≤17.0
-9	1.90	9.0±0.3	12±0.3			≤2.2	≤6.1	≤13.2
SDV-75-5	1.10	4.6±0.2	7.0±0.3			≤4.6	≤12.1	≤25.1
（绳管）-7	1.75	7.3±0.3	10.2±0.4	75±5	48	≤3.1	≤10.4	≤18.0
-9	2.15	9.0±0.3	12.6±0.5			≤2.6	≤7.0	≤15.0
SS-75-5	1.00	4.6±0.2	7.0±0.3			≤5.0	≤14.0	≤31.8
（发泡）-7	1.60	7.3±0.3	10.0±0.4	75±5	58	≤3.5	≤9.9	≤23.3
-9	1.95	9.0±0.3	12.0±0.5			≤2.7	≤8.1	≤19.5
SBYFV-75-5	1.13	5.2±0.2	7.3±0.3			≤5.0	≤11.0	≤36.0
（发泡）-7	1.50	7.3±0.3	10.5±0.3	75±5	60	≤3.64	≤11.4	≤28.8
-9	1.90	9.0±0.3	12.6±0.4			≤3.1	≤9.9	≤25.0
SYV-75-5	7/0.26	4.6±0.2	7.1±0.3			≤7.60	≤19.0	≤41.0
（实心）-7	7/0.4	7.3±0.25	10.2±0.3	75±3	76	≤5.10	≤14.0	≤31.0
-9	1.37		12.4±0.4			≤3.69	≤10.4	≤23.0

3. 干线电缆的选用

同轴电缆是有线电视系统中传输信号的主要媒体，正确选用电缆才能保证电视传输质量，干线采用何种规格的同轴电缆应着重考虑以下几种因素：

（1）大系统的干线传输距离一般较远，对信号的衰减影响较大，应选用衰减常数较小的电缆。衰减量由导体损耗和介质损耗两部分组成，其衰减量的大小与电缆的结构、尺寸、材质有关，一般来说内导体和外导体直径大的电缆导体衰减相对较小些；另外绝缘层采用物理高发泡结构、藕心结构其介质损耗较小。

（2）选用电缆要考虑干线传送的上限频率。目前，有线电视有 300MHz、450MHz、550MHz 及 800MHz 几种不同系统。电缆对信号的衰减量是随频率的增加而加大，频率越高的系统，对电缆的技术指标要求就越高。一般说来相同外径的电缆，物理发泡结构比藕心结构的高频损耗小得多，但价格较昂贵。

（3）对于主干线电缆要求特性阻抗均匀，以防止产生多重反射。如果干线电缆选用得太细就容易变弯，造成特性阻抗不均匀。

综上考虑，工程上对传输干线通常要选用外导体直径较大的电缆。例如 SYKV-75-12 或 SYKV-75-9，两者在信号频率为 300MHz 时的百米衰减量分别为 5.8dB 和 7.3dB。国内不少大型有线电视系统的传输干线采用美国 TRILOGY 公司的 $MC^2 500''$、$MC^2 750''$、$MC^2 1000''$ 及美国 COMM 公司的 QR540、QR860 同轴电缆，其高频损耗很小，有利于提高信号传输质量。在信号频率为 300MHz 时，$MC^2 500''$ 和 QR540 同轴电缆的百米衰减量为 3.7dB，$MC^2 750''$ 和 QR860 电缆百米衰减量只有 2.6dB。

二、放大器的选择

1. 放大器的分类

按频率范围划分，放大器可分为单频道、宽频带和多波段三种类型；按在系统中使用的位置划分，放大器又可分为前端放大器和线路放大器两大类。线路放大器属于宽带型。

线路放大器包括在传输系统中使用的干线放大器和在分配系统中使用的分配放大器，延长放大器和楼栋放大器等。

干线放大器，从控制方式看，有自动电平控制（ALC）或自动增益斜率控制（AGSC）放大器（又称Ⅰ类干线放大器，采用双导频信号控制。自动增益控制（AGC）放大器（又称Ⅱ类干线放大器），采用单导频控制，它又分为A类和B类。其中ⅡA类是带斜率自动补偿的AGC干线放大器；ⅡB类是无斜率自动补偿的AGC干线放大器。手动增益控制和手动斜率控制放大器（又称Ⅲ类干线放大器），也可分为两类：一类是ⅢA，另一类是ⅢB。

干线放大器的末级模块又分：推挽型（PP型）、功率倍增型（PHD型）和前馈型（FT型）。

根据干线放大器的具体作用又分为：干线（延长）放大器，干线分配放大器和干线分支放大器。

2. 放大器的技术指标

放大器的技术指标是放大器选择的重要依据，有关放大器的技术指标，在表3-4中列出了《有线电视系统设备入网技术条件》中对Ⅰ类干线放大器的性能参数要求。

Ⅰ类干线放大器的性能参数　　　　表3-4

序号	项　　目	单位	性能参数	测量方法	备　　注
1	频率范围	MHz	45~300,450,550	—	—
2	标称增益	dB	22,26,30	6.1	最高频道
3	带内平坦度	dB	±0.3	6.2	—
4	标称输入电平	dBμV	72	6.1	最高频道
5	标称输出电平	dBμV	94,98,102	6.1	最高频道
6	导频输出电平	dB	0	6.1	相对图像载波电平
7	AGC特性	dB	±3/±0.3	6.3	—
8	ASC特性	dB	±2/±0.3	6.4	—

续表

序号	项　目	单位	性能参数	测量方法	备　注
9	噪声系数	dB	推挽:≤8 功率倍增:≤8 前馈:≤10	6.6	机内衰减器和均衡器短接及增益最大时
10	载波复合三次差相比	dB		6.9	
11	300MHz 推挽 功率倍增 前馈		86,78,70 91,83,75 101,83,75		
	450MHz 推挽 功率倍增 前馈		81,73,65 86,78,70 96.88,80		
	550MHz 推挽 功率倍增 前馈		78,70,62 83,75,67 93,85,77		
12	载波复合二次差相比 300MHz 推挽 功率倍增 前馈	dB	— 75,71,67 79,75,71 88,84,80	6.9	
	450MHz 推挽 功率倍增 前馈		72,68,64 76,72,68 85,81,77		
	550MHz 推挽 功率倍增 前馈		70,66,62 74,70,66 83,79,75		
13	载波复合交扰调制比 300MHz 推挽 功率倍增 前馈	dB	85,77,69 90,85,74 99,91,83	6.10	
	450MHz 推挽 功率倍增 前馈		80,72,64 85,77,69 94,86,78		
	550MHz 推挽 功率倍增 前馈		77,69,61 82,74,66 91,83,75		
14	反射损耗	dB	≥16	6.8	机内衰减器和均衡器短接
15	信号交流声比	dB	≥66	6.7	仪器用直流供电
16	抗雷击能力	kV	5(10/700μs)	GB 1138.3	输入输出端
17	标称供电电压	V	AC:32,42,60(50Hz)	—	

三种放大器电路都采用同一类型的混合放大器模块时，三种放大电路性能的比较，见表 3-5。

三种放大电路性能的比较　　　　　表 3-5

参量 ＼ 类型	推挽	功率倍增	前馈	参量 ＼ 类型	推挽	功率倍增	前馈
增益	10	18	24	功耗（W）	5.2	10.4	15.8
噪声系数	7.5	8.0	10.5	价格	低	较高	最高
载波/组合差相比（dB）（120dBμV37 个频道）	66	81	85	可靠性（单路失效时的工作状态）	较差	好	较好

3. 放大器的供电和保护

（1）供电

线路放大器的供电，通常采用电缆芯线集中供电，即利用同轴电缆的线芯与外导体来传输低压交流电。低压交流电必须是安全电压，我国采用交流 60V。由电源供给器提供，通过电源插入器送入到线路放大器中，集中供电的优点：

1）安全：系统内部无强电进入，并和市电完全隔离，电缆外层可靠接地，保证人身安全。

2）可靠：系统可使用 UPS 电源，双路供电、蓄电池备份等多种措施，保证可靠供电。

电源供给器实质上是一个降压变压器，但变压器具有稳压限流和断路保护功能，并采用压敏电阻，防止脉冲冲击损坏供电器。电源插入器实际上是一个分频电路，它必须在不影响电缆中射频信号正常传输的同时，定向地让低压交流 50Hz 的电源也通过电缆的芯线和外导体送入到线路放大器中。

（2）保护

为了防止冲击损坏，放大器采用附加安全电路，防止通过同轴电缆进入的高电压破坏放大器，通常在放大器的输入、输出端装有气体放电管等防冲击器件，使放大器得到自动保护，以防止放大器和人身安全遭受危害。

4. 放大器选择时的注意事项

（1）为了补偿传输电缆的衰减，确保信号能够优质、稳定地进行远距离传输，在传输系统中，必须采用宽带型干线放大器。

（2）Ⅱ类干线放大器一般用于要求不很高、电缆敷设条件不复杂的中、大型系统中。

（3）ⅢA类干线放大器与Ⅰ类干线放大器间隔使用，ⅢB类干线放大器可以单独使用，但一般只能用于要求不高的小型系统中。

（4）推挽模块的干线放大器应用最广，是CATV系统中最基础的有源设备。功率倍增模块的干线放大器在指标上有较大的提高，但常用于大型系统中。前馈型放大器性能最好，但价格也高，一般只在有特殊要求的场合使用。

（5）采用干线延长放大器，可以补偿干线电缆的传输损耗，应用较为广泛。为了传输几路干线，还可以采用干线分配放大器，以满足分配输出端口的电平要求。为了提高各分支输出端口的电平时，还可采用干线分支放大器。

（6）为了满足无源分配网络的电平要求，以带动无源网，使用户获得足够的信号电平，还可采用楼栋放大器。楼栋放大器是同轴电缆传输网络的最后一级放大器，它的后面是无源分配网络。

（7）为了补偿电缆的衰减特性，宜采用均衡器（BON）。

（8）在经费允许的情况下，尽可能选择噪声低、中等增益、非线性失真指标好、温度系数小、工作稳定、性能可靠的放大器。

（9）Ⅰ、Ⅱ、Ⅲ类干线放大器应合理进行搭配。

（10）为了减小和控制温度变化影响，可采用有温度补偿的放大器，或采用有导频信号的自动控制放大器。

（11）在现代有线电视系统中，各种放大器都必须具备双向功能。

三、同轴电缆网络的选择

1. 网络结构的确定

（1）网络结构形式

同轴电缆传输网络的基本结构形式有三种：树枝形、星形和环形，见图 3-2。

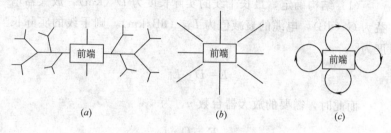

图 3-2 传输网络的拓扑结构

（a）树枝形；（b）星形；（c）环形

树枝形的特点是：可以就近分路和连接，符合"最短路径"原则，安装方便，节省材料，但纵联较多，指标损失大，实现双向传输不便，可靠性差。

星形的特点是：星形网指标较高，适合信息的交换，可靠性较高，但线路总长度大，用料多，用户间的通信困难。

环形的特点是：它是一种"闭环"结构，系统反馈控制好，方便监测，双向传输方便，但可靠性差。所以，采用双环形来克服环形的缺点。

（2）网络结构形式的确定

网络结构的确定，取决于网络承载的业务类型和网络所采用的传输媒介。

纯粹的广播式业务适合于树枝形的结构，而交互式的业务则最好采用星、环结构，从传输媒介来讲，同轴电缆由于衰减大，中继环节多，直径也粗，没有条件构筑星形或环形网，只能采用树枝形。

应该说，同轴电缆传输系统网络结构的主要形式应该是纯树枝分支形结构或树枝，局部星形混合结构，其干线、支干线部分一般都是树枝形，支线部分则可根据实际需要灵活选择树枝状结构或星形结构。

2. 最长干线的确定

最长干线的确定步骤，有下列四个步骤。

(1) 结构确定，最长干线的实际长度为 D (km)，放大器增益为 G (dB)，电缆的衰减值为 L_H (dB/km)，则干线的实际长度为

$$E = D \cdot L_h$$

而此时，需要的放大器台数 n，为

$$n = \frac{E}{G} = \frac{D \cdot L_h}{G}$$

每台放大器的间距 D_0，为

$$D_0 = \frac{D}{N} \quad \text{或} \quad D_0 = \frac{G}{L_h}$$

(2) 按照系统给定的指标分配比例，确定干线部分应该满足的性能指标的具体值。

(3) 确定放大器的工作电平。

(4) 确定指标，以作为最长干线的确定值是否满足要求的依据。

3. 传输线路的布置和路由的确定

当传输网络的结构形式确定以后，紧接着就是要确定传输路径和路由。注意事项如下：

(1) 根据用户的总数及分布情况来确定是否需要设置支干线，确定是采用干-支结构，还是采用干-支干-支结构。

(2) 传输线路应遵循最短路径原则，即在保证传输系统的质量、满足损耗的要求情况下，尽可能选择短而直的路由，以减少放大器串接级数、节约电缆、降低成本，也要尽量考虑埋地管道、电线杆等现有设施的充分利用情况。

(3) 传输线路应远离强电线路和干扰源，电缆与其他架空明

线共杆架设时，在施工过程中应使它们的间距符合标准的规定。

（4）干线系统中可通过分支放大器向分配网馈送信号，而应尽量少用分配放大器或直接开口。

（5）干线放大器、分支放大器、线路延长放大器应设置在其增益正好抵消前一段电缆传输损耗的位置，即所谓零增益原则。而分支放大器的位置则应处于用户分配网的中心地带，以使分支线短而输出电平高。

（6）干线末端的确定应以能满足系统中最远的分配网点的电平需要为原则。

（7）干线分路时，应采用干线分配放大器来实现，也可在靠近干线放大器输出端的位置直接用分配器来实现，此时要求分配器以后的各支干线的电缆损耗和阻抗应相等和匹配，以减少反射影响。

（8）电缆敷设应以埋地暗敷方式为首选方式。

4. 用户分配网的确定

（1）用户分配网的结构

用户分配网，其分支、分配线路常采用星形呈放射状分布。常见的分配系统结构形式有两种，见图 3-3。

1）如图 3-3（a）所示，即在来自干线桥接（分支）放大器的分配线上串接分支器，再通过分支器直接覆盖用户。这种结构形式要求干线分支器具有高电平的分支输出，以便带动更多的分支器，即可以连接更多的用户。这种方式可串接线路延长放大器2～3 个，通常用于覆盖位于传输干线两侧的零散用户。

2）如图 3-3（b）所示，它用于干线末端，主要适用于用户密集地区。这种结构形式不一定要求信号分配点具有很高的输出电平，只要能补偿分支线的损耗就可以了，但却要求分支放大器具有高电平输出。通常这种方式仅允许串接一级线路延长放大器。

用户分配线路通常采用线径较细的电缆，不可能拉得太长，用户分配网实际上是一个高电平短距离的网络，这和中电平、长

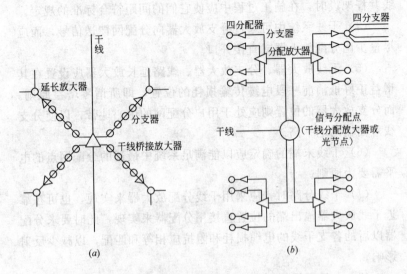

图 3-3　用户分配网的结构形式示意图

（a）高电平干线分支器方案；（b）分配点输出高电平方案

距离的同轴电缆干线传输网络有着本质的区别。

（2）无源分配网的组成方式

常用的无源分配网有四种形式，即分配-分配网络、分支-分支网络、分配-分支网络和分配-分支-分配网络，见图 3-4～图 3-7。

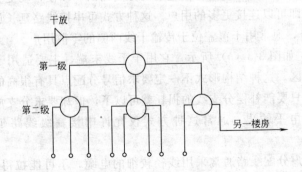

图 3-4　分配-分配网络

・124・

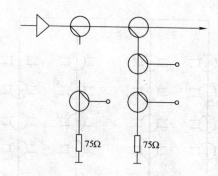

图 3-5　分支-分支网络

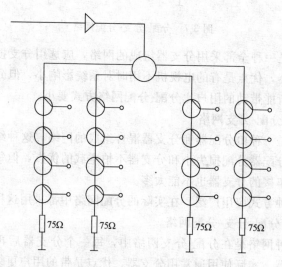

图 3-6　分配-分支网络

1）分配-分配网络

这是一种全部由分配器组成的网络，适用于平面辐射系统，通常用于干线分配，一般采用两级分配器，每一级都可使用二分配器，三分配器和四分配器，但是这种方式不能直接用于用户分配，而只用于线路分配。

2）分支-分支网络

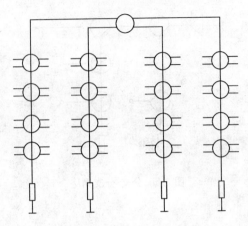

图 3-7　分配-分支-分配网络

这是一种全部采用分支器组成的网络，应选用分支损失不同的分支器，优点是有的电视机不用时对系统影响小，但分配损失较大，所能带动的用户比分配-分配网络方式要小。

3）分配-分支网络

这是一种由分配器和分支器混合组成的网络，这种结构形式集中了分配器分配损失小和分支器不怕空载的优点，但每一条分支电缆串接的分支器也不能太多。

这种方式应用广泛，在实际的分配网络中都采用这种方式。

4）分配-分支-分配网络

这种网络是在分配-分支网络中，每一个分支器后再加一个四分配器，实际使用通常用分支器，优点是带的用户更多，但邻频传输时尽量不采用这种方式。

5. 分配网络确定的原则

（1）分配线路确定的原则

1）遵循最短路径的原则和均等、均衡的原则。

2）避开直射波、干扰波严重及易损害的场所，并应尽量减少与其他管线的交叉跨越，应现场勘察，以确定施工难易程度。

3）分支放大器宜设于服务区中心，各条支线尽量采用星形分配方式。

4）合理搭配分配方案，必要时可采用衰减器。

5）根据线路的长短，合理选择电缆直径，宜综合考虑性能价格比。

6）无源部件的短距串接数应≤8个。

（2）无源分配网络确定的原则

1）不同的用户群离前端的距离以及信号经过放大器的数目都是不同的，确定时应分别进行电平的计算。

2）为了均衡分配，通常都从建筑中间输入信号，经过分配器均匀送出。对距离远的，宜采用直径较大的电缆，应使各串分支器输入电平的差别尽可能小。

3）为了带动更多的用户，应选择分配损失尽可能小的分配器，宜尽量减少分支线的电缆长度。

4）计算用户电平时应把最高频道和最低频道分开计算，使它们都符合要求。

5）一串分支器的数目不能超过4个。离分配放大器近的分支器应选择分支损失大的分支器，离分配放大器远的分支器应选择分支损失小的分支器，以保证各用户输出口电平差尽可能小。

6）为了保证用户端相互隔离大于30dB的要求，邻频系统中每一串分支器最后两个分支器的分支损失之和不能小于20dB。

7）电平计算有顺算法和倒推法两种。顺算法是从前往后算，根据输出电平的大小，用递减法顺次求出用户的端电平；倒推法是从后往前算，先确定用户端电平，逐点往前推算各部件的电平，最后得出输出电平。

第二节 光纤传输系统

一、激光与激光器

1. 激光的产生

（1）激光又称镭射（英文名字 Laser），是一种受激辐射引起的光放大。

（2）三种光辐射过程：

1）自发辐射：高能态粒子自发地向低能态跃迁；

2）受激辐射：高能态粒子在外来光子的激发下向低能态跃迁；

3）受激吸收：低能态粒子吸收外来光子能量向高能态跃迁。

在激光器中，是受激辐射，其特点：

① 高能态粒子在外来光子激发下向低能态跃迁；

② 频率、相位、偏振状态与外来光子相同。

（3）在发光系统中，受外来光时，产生受激辐射（光放大）和受激吸收。

（4）只有受激辐射占优势时，外来光放，才发出激光，即高能态粒子数 N_2 大于低能态粒子数 N_1（$N_2 > N_1$）时，才能把外来光放大，发出激光。

（5）激励过程（又称泵浦过程）是激光产生的必要条件。

（6）激光产生的充分条件是具有损耗小的谐振腔。

（7）稳定激光的阀值条件是

$$\rho_1 \cdot \rho_2 e \times p(2G - 2a)L \geqslant 1$$

式中　ρ_1、ρ_2——两个反射镜的反射率；

　　　　G——激活介质的增益系数；

　　　　a——介质的损耗系数；

　　　　L——谐振腔的长度。

（8）谐振条件

$$f = \frac{qc}{2nL}$$

式中　f——频率；

　　　q——1，2，3……；

　　　n——折射率；

　　L——谐振腔长度。

　　从以上说明，产生激光的三个条件：

　　1）实现粒子数反转；

　　2）满足阀值条件；

　　3）满足谐振条件。

　　2. 激光的特点

　　激光是以受激辐射的光放大为基础的发光现象。其特点是单色性好、方向性好，亮度高，相干性好。

　　（1）单色性好，其特点

　　1）单色光的波长范围很小，谱线宽度窄。

　　2）激光是波长范围很小的辐射，单色性好。

　　3）单色性好的在光通信中越易调制。

　　4）激光是受激辐射，谐振腔有选频作用，因此输出光的谱线宽度很小，谱线宽度越窄，其单色性越好。

　　（2）方向性好

　　激光的发散角小，所以方向性好。激光的发散角可达 10^{-5} 弧度，所以方向性非常好。

　　（3）亮度高

　　亮度是单位面积的光源在给定方向上单位立体角范围内发出的辐射功率。激光可达 $10^{14}\,\mathrm{W}$，比太阳的亮度还高出上千亿倍。

　　（4）相干性好

　　相干性是指两米光能够发生干涉，形成明暗相间干涉图像的特性。激光是完全相干的，接近电磁波，所以在光通信，全息摄影、精密测量中得到广泛应用。

　　3. 激光器

　　激光器是产生激光的器件和装置，由激光物质、激励系统和谐振腔组成。

　　（1）工作过程

　　激励系统向激活物质输送能量，使其实现粒子数反转，而谐振腔使受激辐射光不断被放大，输出稳定的激光。

（2）激光器的性能指标

1）输出光功率，即各项指标正常时输出的光功率，越大越好。

2）相对强度噪声（RIN），即单位频带宽度中噪声与输出光强的比值，越小越好。

3）激励阈值，即正常工作的最小激励阀值电流（对半导体激光器）或激励光功率的最小值（对 YAG 激光器）。

4）线性范围，即激光器线性工作的最大范围，它等于饱和电流减去阈值电流（与温度有关）。

5）温度特性，因为波长、噪声、阈值电流、饱和电流都与温度有关，温度特性是指随温度而变化的情况，变化越小越好。

6）线谱宽度，指激光波长的范围（$\Delta\lambda$），越小越好。其他还有发光效率、寿命和工作稳定性等，希望激光器单色性好、频带宽、光谱纯、频率稳定，线性好，易于调制波长与光纤的低损耗区吻合。

光通信中常用的激光器有激光二极管（又称法布里-柏罗 F-P 激光器），分布反馈激光器（DFB 激光器）和掺钕钇铝石榴石激光器（YAG）。

二、光纤

1. 光纤的结构和原理

光纤是光导纤维，是光通信的传输介质。包层式光导纤维的结构原理，见图 3-8。

光纤的参数，如下：

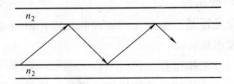

图 3-8　包层式光导纤维

（1）折射率，如图 3-8 所示，纤芯的折射率为 n，是光密介质；包层的折射率为 n_2，是光疏介质，在此 $n_1 > n_2$。

（2）临界角 Q_c

$$Q_c = \arcsin(n_2/n_1)$$

（3）孔径角 Q_a

$$Q_a = \text{arc} \cdot \sin \sqrt{n_1^2 - n_2^2}$$

（4）入射角 i

入射角是光线介质 n_2 法线的夹角。

（5）全反射条件

$$i > Q_c$$

即入射角＞临界角

光纤的两层被覆层，有一次被覆层，是光纤素线，由树脂、硅橡胶等制成；二次被覆层是芯线，由尼龙、树脂等制成；芯线再被覆成为光纤软线。制成光纤的材料有石英、多组份玻璃、塑料等。有短波长光纤和长波长光纤两类。一种电磁波模式的称单模光纤，由多个电磁波模式的称多模光纤。

2. 光纤的特性

光纤的特性主要是损耗和色散。

（1）光纤的损耗

光纤的损耗是光在光纤中传输一定距离后其能量损失的程度，用单位长度的光纤对光信号损失的分贝数表示。光纤的损耗是光纤的重要特性。

由于光纤材料本身的吸收、散射和制造工艺的原因，光纤产生损耗。光线的损耗与光的波长有关。无水峰光纤性能比较好。

（2）光纤的色散

光纤的色散是指输入信号中包含不同频率、不同模式的光在光纤中的传播速度不同，引起不同时刻到达输出端、输出波形展宽、变形，形成失真现象的程度。

光纤的色散用单位波长间隔的光传输单位距离的群 时延差，所谓色散常数 D 来描写。表达式

$$D = \frac{\mathrm{d}\tau}{L \cdot \mathrm{d}\lambda}$$

式中　D——色散常数；

　　　　λ——波长；

　　$\lambda + \mathrm{d}\lambda$——又一波长；

　　　　L——传输距离；

　　　　τ——延时；

　　$\tau + \mathrm{d}\tau$——又一延时。

　　色散的种类有模式色散、材料色散、结构色散三种。不同模式的光传输时间不同形成模式色散；折射率、波长不同引起传输速度不同形成材料色散；光进入色层而造成结构色散。

　　根据色散的不同，有色散位移光纤、色散平坦光纤和折射率渐变型光纤等不同的品种。

　　其他光纤特性有模场直径、同心度误差、截止波长等。

三、光缆

1. 光缆的结构

　　光缆由光纤、导电线芯、加强筋和护套组成。保证光纤的传输特性、防潮性能优良、稳定可靠，具有足够的机械强度、温度性能，和适当的价格、比较长的寿命。

　　导电线芯用来进行遥远供电、遥测、遥控和通信联络使用；加强筋用来加大光缆抗拉、耐冲击能力；光缆护套的作用和电缆相同，用以保护纤芯不受外界的伤害。

2. 光缆的分类

　　(1) 按光纤性能分，有单模光缆和多模光缆。

　　(2) 按加强、护套含金属分，有金属光缆和非金属光缆。

　　(3) 按护套形式分，有塑料护套光缆、综合护套光缆和铠装光缆。

　　(4) 按成缆方式分，有层纹式、骨架式、束管式、叠带式和单位式。

3. 光缆的命名

（1）分类代号　　GY——通信室外

GJ——室内光缆

GH——海底光缆

GR——软光缆

GS——设备内光缆

GT——特殊光缆

（2）加强构件　　无符号——金属加强构件

F——非金属加强构件

G——金属重型加强构件

H——非金属重型加强构件

（3）缆芯填充特征　　无符号——非填充型

T——填充型

（4）内护套类型　　Y——聚乙烯护套

A——铝-聚乙烯粘接护套

Z——聚乙烯-纵包皱纹钢带综合护套

V——聚氯乙烯护套

（5）外护套　　03——聚乙烯

53——纵包搭结皱纹钢带铠装加聚乙烯

23——双钢带绕包铠装加聚乙烯

33——单细圆钢铠装加聚乙烯

（6）光纤类型及芯数　　D——二氧化硅光纤

D 前数字——光纤芯数

D 后数字——光纤性质

（7）缆芯结构形式　　G——骨架式缆芯

S——束管式缆芯

SG——松套骨架式缆芯

4. 光缆的特性

（1）光纤芯数——一般是 2～10 芯数，最多达 144；

（2）外径——最小 10，最大 20（mm）；

（3）抗拉——$\geqslant 1500$N，最多可达$\geqslant 6000 \sim 10000$N；

（4）抗侧压——$\geqslant 600$，最多可达$\geqslant 3000$；

（5）抗弯曲——20 倍光缆外径；

（6）温度特性——$-40℃ \sim +60℃$，光纤附加损耗$\leqslant$ 0.1dB/2km；

（7）阻水性能——1m 高水柱 24h 渗水长度$<$3m。

四、光信号的副载波强度调制

1. 强度调制

（1）电信号调制成调幅、调频、调相的信号。

（2）场强

调幅是载波的幅度随信号而变，任一瞬时的场强 E

$$E = E_0(1 + m\sin w_s t)\sin w_c t$$

式中　E——任一瞬时的场强；

E_0——平均振幅；

m——调制度；

w_c——载波角频率；

w_s——信号角频率。

（3）强度调制

除相干光通信外，现光信号都是强度调制，它类似于电信号的调幅，是用所要传输的信号来改变光信号的强度。光载波的强度是随信号而变的。重要参数是光强 p，

$$p = p_0(1 + m\sin w_s t)$$

式中　p——光强；

p_0——平均光强。

（4）用光强表示场强

因为光强与场强平方成正比，所以场强 E 为

$$E = \sqrt{p_0(1 + m\sin w_s t)\sin w_c t}$$

式中　p_0——平均光强；

　　　m——调制度；

　　　w_s——信号角频率；

　　　w_c——载波角频率。

2. 调制度 m

调制度是光波被调制的程度。

（1）电调制度

电调制度（在电信号中）是调制信号振幅与载波振幅之比，或者说调制信号的振幅是已调波电压的起伏。即

$$m_D = \frac{\Delta E}{E_0}$$

式中　m_D——电调制度；

　　　ΔE——已调波电压起伏，$\Delta E = \frac{E_{max} - E_{min}}{2}$

　　　E_0——未调制波振幅。

（2）光调制度 m

光调制度是光强变化的起伏与平均光强之比。

$$m = \frac{\Delta p}{p_0}$$

式中　m——光调制度；

　　　Δp——光强变化的起伏，$\Delta p = \frac{p_{max} - p_{min}}{2}$

　　　p_0——平均光强。

（3）半导体激光器的调制度

因为激光器输出光强与激励电流成正比。

$$m = \frac{\Delta I}{I_0}$$

式中　m——半导体激光器的调制度；

　　　ΔI——激光器注入电流的起伏；

I_0——激光器平均输出光强对应的注入电流；

$$I_0 = I_b + I_{th}$$

I_b——工作点电流；

I_{th}——阈值电流。

3. 强度调制方式

先把视频、音频信号对高频副载波预调制（电调制-即调幅、调频、数字三种），然后进行光的强度调制，有 AM-IM、FM-IM、PCM-IM 几种方式。

（1）AM-IM 调制方式

1）先采用残留边带调幅方式把视频和音频信号调制到不同的高频副载波上。

2）经混合器混合，得到一宽带高频信号。

3）用高频信号调制光信号的强度。

（2）FM-IM 调制方式

1）使各个视频、音频信号对中频副载波调频。

2）然后上变频至不同频道。

3）再用混合后的宽带、高频信号去调制光信号的强度。

（3）PCM-IM 调制方式

1）把视频、音频信号经取样、量化、编码变成数字信号。

2）用时分复用的合成器，得到数字脉冲串。

3）用数字信号调制光强度。

4）最后输出光脉冲。

五、光发射机和光接收机

按照强度调制的方式不同，多路调幅光发射机又可分为直接调制光发射机和外调制光发射机两种。

直接调制光发射机是利用高频电视信号来控制半导体激光器的偏流，进而控制激光器输出光强，通常采用 DFB 激光器作为光源。DFB 激光器以及用它制成的光发射机的寿命已经超过 10 万小时。DFB 直接调制的光发射机原理框图，见图 3-9。

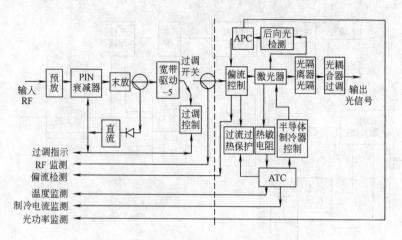

图 3-9　DFB 直接调制光发射机原理框图

外调制多路调幅光发射机是在激光器输出激光之后，让其通过一个外调制器，使激光的强度随外加多路调幅信号电压而改变。根据采用激光器的不同，主要有 YAG 外调制光发射机和 DFB 外调制光发射机两类。YAG 外调制光发射机的原理框图，见图 3-10，DFB 外调制光发射机的原理框图，见图 3-11。

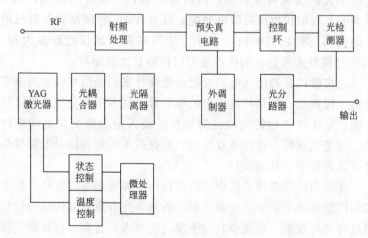

图 3-10　YAG 外调制光发射机原理框图

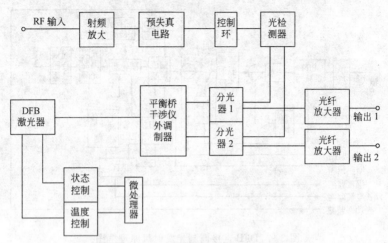

图 3-11　DFB 外调制光发射机原理框图

　　DFB 直接调制光发射机和 YAG 外调制光发射机输出光的波长为 $1.31\mu m$，DFB 外调制光发射机输出光的波长为 $1.55\mu m$。DFB 直接调制光发射机输出功率小，有啁啾效应，优点是价格低廉，是目前应用最广泛的光发射机。YAG 外调制光发射机输出功率大，且无啁啾效应，但价格昂贵，不能普遍使用。DFB外调制光发射机也没有啁啾效应，具有 YAG 外调制光发射机的好的失真特性，但输出功率小，使用时需要加接光纤放大器，DFB 外调制光发射机的优点是可以传输更大的距离。

　　光接收机是利用光电效应把由光纤传来的光信号转变为电平合适、噪声低、幅频特性平坦的电信号，送入用户分配系统进行分配。光接收机包括光检测器组件、输入输出放大器、均衡网络、可变衰减器、自动增益控制、数据采集与控制以及电源等部分，其方框图，见图 3-12。

　　在单向传输光纤系统中，前端机房只需安装光发射机。但在双向传输系统中，还应安装分别接收从各光节点反向传输光信号的反向光接收机。系统中有一个反向光节点，就有一台反向光接收机，其数量多、但体积小，且为模块装置，可安装于一个机箱

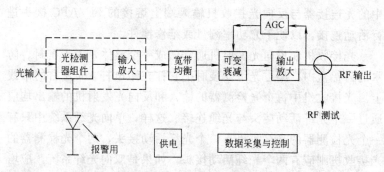

图 3-12 光接收机原理框图

内，放在前端机房内。光发射机和反向光接收机应安装在通风、散热良好的机架上。光发射机和前端宽带放大器，反向光接收机与相应的电信号处理设备间应尽可能安装得近一些。

光发射机的输入端用电缆与前端混合器后的宽带放大器输出口相连、通常几个光发射机，有的还要用一根电缆直接把电信号送入前端附近的用户，所以在前端宽带放大器后要接一个分配器，把电信号分成几路，分别送入不同的光发射机。

光信号的输出通过光发射机的输出端接一个光连接器（带尾纤的光纤活动接头），并把尾纤接到光配线盒上，还要采用 FC/APC 或 SC/APC 连接器，连接时可用酒精擦洗清洁再与插座插紧。

反向光接收机的输入端也通过一个光连接器与光配线盒相连，输入来自光纤干线的反向光信号。输出端用电缆与电信号处理设备相连。

无论是光发射机输出的光信号，还是从光节点输入的反向光信号，都应经过前端机房的光配线盒。主要由光连接器构成的光配线盒是用来对光纤进行配线的装置。从光发射机直接输出的光纤的端点要熔接 FC/APC 接头，通过光配线盒中的光连接器与从前端输出的下行光缆上熔接的 FC/APC 接头进行活动连接；从光节点来的反向光纤端点的 FC/APC 接头，也通过光配线盒中的光连接器与反向光接收机输入端上熔接的 FC/APC 接头进行活动连接，以便于光功率测量或维修换件。

光接收机和反向光发射机通常做成一个整体，置于密封、防水的铸铝盒内。架空光缆安装时把它挂在距电杆 1m 左右的吊线上。光接收机中每个光检测器的输入和反向光发射机的输出均应通过一个光纤活动接头与光缆连接。这样，单向光纤系统中只有一个光检测器的光接收机有一个光纤活动接头，两个光检测器的光接收机则应有两个光纤活动接头。如果是双向光纤系统，应增加一个反向光发射机的光纤活动接头。光接收机的输出和反向光发射机的输入则与用户分配系统的电缆相连，光接收机和反向光发射机的电源也通过电缆接入。

六、光纤传输系统

有线电视光纤传输系统分成调幅、调频和数字光纤三类，分别适用于不同的情况。

1. 调幅光纤干线传输系统

调幅光纤干线传输系统，采用 AM-IM 的调制方式，先把需要传输的视、音频信号分别调制到不同的高频副载波上，混合以后再去调制光信号的强度。

（1）组成

调幅光纤干线传输系统，由前端、光发射机、光分路器、光纤放大器、光接收机和用户分配系统组成。除前端和光发射机、光接收机和用户分配系统之间为电信号外，其余系统之间均为光信号。

调幅光纤干线传输系统一般采用星形拓扑结构，即从光分路器输出的多路光信号分别进入一根光纤，直接传到位于用户小区中心的光节点，而不在中途分路。

（2）系统性能指标

有线电视光纤传输系统的性能指标，主要有载噪比，非线性失真、反射损耗等。

一般情况下，调幅干线应满足载噪比大于 50dB，载波组合三次差拍比大于 65dB，载波组合二次失真大于 61dB 的要求，通常根据链路损耗选择合适的光发射机功率，使载噪比满足要求即可。

（3）光波长的选择

光纤传输的三个窗口：0.85μm、1.31μm、1.55μm。其中 0.85μm 窗口损耗大，在有线电视系统中不采用。1.31μm 窗口的损耗低、色散小、价廉，所以在光纤有线电视系统中应用广泛。而 1.55μm 窗口的损耗最小，又可采用光纤放大器放大，传输距离长，但色散大、价格较高一些。所以，在传输距离小于 35km，覆盖范围小时采用 1.31μm 技术，传输距离远，覆盖范围较大时，采用 1.55μm 的光纤传输系统。

（4）光纤路由和光接收机数量的确定

由光纤和同轴电缆组成的混合传输系统中，常根据居民区的分布情况来设置光接收机。如一个居民区设置一台光接收机；较大的区，可划分成直径为 1km 的若干小区，在每个小区中心设置一台光接收机；如需要传送电话或其他多功能应用的系统，可每 500～2000 户居民设置一台光接收机。

在光接收机的数量和安装位置确定后，应合理选择光纤路由，首先应尽量减少光纤的长度，又要考虑施工便利，还应尽量采用星形分配，少采用链形分配方式。

（5）光发射机功率与台数的确定

光接收机的位置确定后，可根据它到前端的距离来计算光链路的损耗（包括分光器损耗，光纤损耗和连接点损耗）。1.31μm 光纤每 km 损耗约为 0.35dB。

每台光接收机的输入光功率大体相等，设为 p_0，相应的光电平为 $10\lg p_0$，长纤长度分别为 L_1、L_2、……L_n，单位长度光纤的损耗为 α，则各输出端光电平分别为

$$10\lg p_1 = 10\lg p_0 + \alpha L_1$$

$$10\lg p_2 = 10\lg p_0 + \alpha L_2$$

$$\vdots$$

$$10\lg p_n = 10\lg p_0 + \alpha L_n$$

输出光功率为

$$p_1 = p_0 10^{0.1\alpha L_1}$$

$$p_2 = p_0 10^{0.1\alpha L_2}$$

$$\vdots$$

$$p_n = p_0 10^{0.1\alpha L_n}$$

第 j 路输出端的分光比为

$$k_j = \frac{p_j}{\sum p_n} = \frac{10^{0.1\alpha L_j}}{\sum 10^{0.1\alpha L_n}}$$

分光损耗为

$$A_{j1} = -10\lg k_j = -10\lg\left[\frac{10^{0.1\alpha L_j}}{\sum 10^{0.1\alpha L_n}}\right]$$

第 j 路的链路损耗为

$$A_j = -10\lg\left[\frac{10^{0.1\alpha L_j}}{\sum 10^{0.1\alpha L_n}}\right] + \alpha L_j + 1 + A_f$$

$$= 10\lg\left[\sum 10^{0.1\alpha L_n}\right] + 1 + A_f$$

式中 αL_j——光纤损耗；

A_f——分光器附加损耗。

所需光发射机的输出光电平可由下式计算

$$10\lg p_i = 10\lg p_0 + A = 10\lg p_0 + 10\lg\left[\sum 10^{0.1\alpha L_n}\right] + 1 + A_f$$

光发射机的输出光电平求出后、即可知输出光功率，根据输出光功率的大小，以及产品情况，就可确定光发射机的数量。

（6）光缆芯数的确定

光缆的光纤芯数越多，价格越高，选择时即要按照正向、反向信号的需求，还应留有备份。

如使到达每台光接收机的光缆都应有 4 根芯，正向、反向各一根和两根传输数据信号。从前端出发的光缆干线的芯数通常比到达每个光接收机的光缆芯数要多，但又比各光接收机光缆芯数之和要少。根据需要，如要求 5 芯、实际选择时可选择 6 芯光缆。

光纤长度应有 3%～5% 的余量，多余部分在每 km 绕成 0.5～1m 左右的圆盘挂牢在杆上，以便光纤损坏后可在地面上进行熔接（熔接可减少线路损失），应少用活动连接头，光纤拐弯时，应保证弯曲半径大于光纤直径的上百倍，以免光纤损坏。

2. 调频光纤传输系统

调频光纤系统是利用调频方式将多路电视、声音信号调制到高频副载波上，再用副载波对光信号进行强度调制。

（1）调频方式的优点

1）调频光纤系统的视频信噪比高，因而图像质量好。

2）光调制度高、使光接收机的灵敏度降低，使得传输距离长。

3）调频光纤的相互干扰小、背景噪声低，对激光器的线性和噪声要求低，此外对光连接器等光器件要求也降低。

（2）调频方式的缺点

1）在一根光纤中传输的电视节目套数比调幅光纤系统少。

2）用户电视机不能直接接收，需要加接调频调幅转换设备，才能送入用户分配系统进行分配。

所以调频光纤系统一般不直接用于有线电视系统中。主要用于电视台内部传输信号或用于有线电视台之间交换节目。

（3）调频光纤系统的组成

发射部分由调频调制器（包括视音频处理、振荡器、调制器、变频器等部分）、混合器和光发射机等组成。

接收部分由光接收机、分配器、调频解调器等组成。

调频光纤传输系统也可加光纤放大器，对信号进行放大，以增加传输距离。

3. 数字光纤传输系统

数字光纤传输系统是利用光纤作为传输媒质来传输数字信号的系统，广泛用于传输数字电视或其他数据信息。

（1）数字光纤传输系统的组成

数字光纤传输系统由信源编码器，时分复用器、信道编码器、调制器、再生器、解调器、信道解码器、解变用器、信源解码器和电源组成。调制器和再生器之间，以及再生器和解调器之间由光纤传输。又分为发射端和接收端两大部分。目前的数字光纤传输系统都是一个对称的双向系统。

（2）电端机和光端机

在光纤数字传输系统中采用的特殊设备主要是电端机和光端机，其他设备和器件与模拟光纤传输系统类似。

从电端机的发送端，视、音频电信号，经放大、滤波，进行编码，变成数字信号，经过码型变换成各路码流，和系统同步信号送入光端机。在电端机的接收部分，从光端机的电信号中分离出同步信号，经码型变换，重新变为数字信号。

光端机由光发射机和光接收机两部分组成。其中均衡器的作用是对失真了的波形进行补偿。

（3）SDH 传输技术

SDH（Synehronous Digital Hierarchy），是一种同步数字体系，一种高速传输的数字技术，在有线电视数字传输网广泛应用。

SDH 网络中的设备主要有终端复用器、分插复用器、交叉连接设备和再生器等。常采用环型自愈网的方式来进行保护，以增强可靠性。

（4）ATM 交换技术

异步转移模式 ATM 是一种基于非信道化的高速数字链路的交换技术，它可以实现多种业务在一个网络中的传输和交换。

ATM 网络中最基本的信息单位是信元。ATM 的复用采用异步时分的统计复用方式。ATM 交换技术综合了电路交换和分组交换的优点。

ATM 交换具有路由选择、信头翻译和排队三大功能。SDH 的物理传输层与 ATM 交换技术结合起来，就组成了宽带综合业务数字网的基本技术。

（5）宽带 IP 技术

宽带 IP 网是在其中高速传输 IP 数据包的通信网络。它提供点到点的无连接的数据包传输机制，由于 IP 网协议的开放性，除了用来传送计算机数据信号外，还可以用来传输符合 IP 协议的数字视频、音频信号，实现多媒体通信。

一些宽带 IP 的解决方案，如千兆以太网、IPOveerATM、IP Oveer SDH、IP Oveer Optical 和 IP Oveer DWDM 等。千兆以太网也是一种以太网，是一种面向数据的传送方式。IP OveerATM 是在 ATM 网络上传输 IP 数据包，利用 ATM 技术来承载 IP 信号。IP Oveer SDH 是以 SDH 网络作为 IP 网的物理传输网络。IP Oveer Optical 是在裸光纤上传送 IP 业务，是一种经济、高效的传输方式。IP Oveer DWDM 实际是采用密集波分复用技术的 IP Oveer Optical，即被高速 IP 数据包调制的多个光载波直接在同一根光纤上传送。

这些都可以传输高速 IP 信号，都属于宽带 IP 技术，可以实现各种不同网络的互联，统称为"IP Oveer everything"。还有一种"everything Oveer IP"，利用 IP 技术即可传输图像、话音和数据等各种不同的业务。

第四章 建筑卫星电视与有线 电视系统的施工

第一节 施工质量要求和施工要点

一、施工质量要求

1. 天线部分

(1) 天线的施工质量要求，如下：

1) 振子排列、安装方向正确；

2) 各固定部位定位牢固；

3) 间距符合要求；

4) 选择正确，强度、抗腐蚀性能符合要求，保证能使用较长时期；

5) 振子中心接地，系统接地、防雷符合要求，接地电阻要求小于 4Ω。

(2) 天线放大器的施工质量要求，如下：

1) 安装牢固，位置恰当；

2) 屏蔽符合要求；

3) 防水措施合理有效。

(3) 馈线的施工质量要求，如下：

1) 选用型号、颜色符合设计要求；

2) 走线合理，应有防护措施；

3) 连接正确、牢固，接地、防潮、防腐蚀符合要求。

(4) 竖杆（架）及拉线的施工质量要求，如下：

1）材料、工艺满足各荷载要求；

2）拉线方向正确、拉力均匀；

3）拉线安装满足防雷要求和电波传播要求；

4）拉线固定处牢固、安全、可靠。

（5）避雷和接地装置的施工质量要求，如下：

1）避雷针用材符合要求，长度合适，满足 45°保护角要求；

2）接地线施工、用材符合要求；

3）各部分电气连接良好，符合焊接要求；

4）接地电阻要求小于 4Ω；

5）接地应有两个泄流点。

2. 前端的施工质量要求，如下：

（1）机房选点和使用面积合理且符合要求；

（2）机房各机柜、控制台、前端设置合理，机房设备，参考某大厦设置系统图，见图 4-1；

（3）避雷器和接地设施合理，接地电阻要求小于 4Ω；

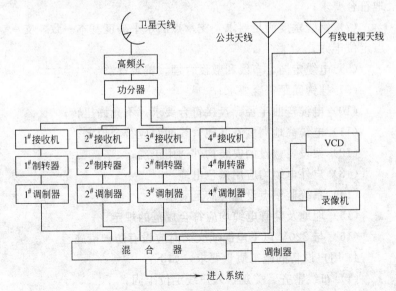

图 4-1 卫星电视系统参考系统图

（4）连接正确，排列整齐，标识明确；

（5）进出电缆走向合理，高低电平走向分开，定位牢固；

（6）有完善的安全和防火措施；

（7）视频、音频电缆与电源电缆布线分开；

（8）供电系统符合要求。

3. 传输设备的施工质量要求，如下：

（1）按设计要求施工、安装；

（2）应特别注意电缆连接器的安装，连接符合工艺要求；

（3）放大器安装工艺合理，遵循就近接地的原则；

（4）各接点正确，接插部件牢固，各器件防水、防腐蚀措施符合要求；

（5）架空电缆、墙壁电缆进入建筑物时，钢缆、电缆外导体应采取接地措施。空旷地区上述电缆进入建筑物时，应装设避雷器；

（6）分配器、分支器应装入箱内，空余端要终端接地，其接地符合要求；

（7）钢缆垂度满足要求，支承点的水平高度基本一致，支承点定位牢固；

（8）电缆走向、布线和敷设合理、美观；

（9）挂钩间距符合要求；

（10）电缆弯曲半径、盘接符合要求，不允许扭转；

（11）电缆离地高度及其他管线间距应符合规定；

（12）架设、敷设的安装构件选用正确；

（13）户外电缆均应用黑色电缆；

（14）系统监察点设置应满足要求；

（15）埋地及穿管电缆均应符合规范的规定；

（16）与220V以上电源线交叉时应设有防护措施。

4. 用户设备的施工质量要求，如下：

（1）布线整齐、美观，入户线定位牢固；

（2）分配放大器安装工艺合理，供电、接地满足要求；

（3）用户终端盒安全要求应符合标准规定；安装位置应合理，接线正确，整齐牢固。

5. 供电设备的施工质量要求，如下：

（1）供电器避雷、接地措施得当；

（2）供电器电压、电流有监视手段；

（3）供电设备安全、可靠，符合设计和施工要求；

（4）前端机房播出设备的供电和维修设备及辅助设备的供电回路分开；

（5）前端机房应有交流稳压装置。

二、施工要点

1. 施工前的准备

（1）审核卫星电视接收系统和有线电视系统的系统图，用户电平分配图、路线平面布置图、天线位置及安装图等，是否由具有法人资质证明的设计单位设计，确认施工图有效方可施工。

（2）施工图审核后，应将发现问题反馈到设计单位，设计单位经修改认定后，应组织技术交底。

（3）审核卫星电视接收系统和有线电视施工准备工作，并经过招投标方式，确定施工单位。并注意下列具体事项：

1）确定工程施工所用的设备材料采购计划、劳动力安排计划、施工进度计划等。

2）明确专业施工安装任务的具体内容，并落实到施工操作者，说明工艺要求、质量标准，以及安全注意事项。

3）进行设备和材料的采购，供货单位应是规范有资质的单位，保证购进设备的材料的产品质量。购买天线时应向有关部门申办手续。

4）卫星接收天线基础施工，如在冬天有冻土层的北方地区，基础应深埋在冻土层之下。

5）为了保证设备和人身安全，避雷针防雷接地保护线应独立连接，不允许将防雷接地保护线，同室内接收设备的接地线共用。

6）防直击雷接地装置的冲击接地电阻值应小于 4Ω。

7）天线杆（塔）高于附近建筑物和构筑物时，且高度在 50m 以上时，宜安装高空障碍灯，并在杆（塔）身涂红、白颜色。城市及机场上空领域内建立高塔，应征得有关部门的同意。

8）购进的有源器件，如放大器、调制器、滤波式混合器等应进行通电检查和测试，再进行安装。

9）凡未设防水外壳的干线放大器，若置于室外时，应事先加装防水装置。

10）若采用电源插入器向干线放大器供电的方式，电源插入器应设置在桥接放大器处。

2. 现场施工要点

卫星电视系统和有线电视系统工程施工的要点如下：

（1）对施工隐蔽工程，施工时应进行现场监理，对违反施工工艺和不符合设计要求时，应提出并进行现场整理，避免工程完工后，无法挽救。

（2）卫星电视天线防雷施工要与土建结构工程进行配合：

1）天线钢筋混凝土基础，底部应有一层钢筋网与土地相通，防雷接地极的接地电阻应小于 4Ω，基础上预埋的地脚螺栓、也应与钢筋网相连，这样避雷针可与地脚螺栓连通，作为防雷保护接地。当基础钢筋网接地电阻大于 4Ω 时，应另做辅助接地极，以保证接地电阻小于 4Ω。

2）当卫星天线安装在建筑物楼顶上时，可以将天线的避雷针与建筑物防雷接地网相连。

3）天线预埋件及预埋地脚螺栓的尺寸和各种技术要求，应符合不同风速下天线各支承点的最大拉力、压力和横向力的要求。天线安装承重中心应在建筑物的梁柱上或墙上。基础要设置锚筋，使它能承受来自天线的拉力和压力。天线基础方位应确定正北指向后，再进行施工。

（3）有线电视天线防雷施工要与土建结构工程进行配合：

1）天线竖杆可以直接固定在建筑物上，如楼房最高处的电梯间或水箱间的承重墙上。

2）天线竖杆固定在预埋钢管式或槽钢式底座上，底座必须位于承重墙或承重梁上，并与建筑物的防雷保护接地网连成一体。

3）自立式铁塔天线在铁塔上应建立工作台，铁塔应有抗强风的能力，应按十级风力计算，并设有防雷保护接地装置。

4）应采用防风拉绳将天线竖杆固定，保证接收天线的位置不变。

（4）与土建筑装饰工程施工配合的要点：

1）配合土建吊顶施工，进行电缆桥架或金属线槽施工。

2）配合土建施工进行室内终端用户盒穿线与面板安装，同时进行箱体安装。

3）在室内进行明配管线施工，并同各专业管线进行协调施工。

（5）系统室外架空或沟槽中敷设电缆，应及时向土建提供开沟槽路由走向，由土建配合施工。电缆路由跨越道路时，应穿钢管保护。

（6）架设墙壁电缆时，应先在墙上装好墙担和撑铁，然后再进行电缆敷设。

（7）卫星电视和有线电视系统施工要点：

1）供给供电器市电的线路，如与电缆同杆架设时，所用线材要采用绝缘导线，可架设在电缆上方距电缆 0.6m 以上处。

2）光缆敷设前、应检查光纤是否有断点，衰耗值是否符合要求。

3）应根据施工图给出的光纤长度来选配光缆，配盘时要使接头避开河沟、交通要道及其他障碍物处。

4）布放光缆时，光缆的牵引端头应作技术处理，应采用具有自动控制牵引性能的牵引机进行，牵引力应施加于加强芯上，最大牵引力不应大于 150kg，牵引速度宜为 10m/min，一次牵引的直线长度不宜超过 1km。布放光缆时，其最小弯曲半径不应小于光缆外径的 20 倍。

5）架空光缆不留余兜、但中间也不应绷紧。每段光缆架设完毕，端头应用塑料胶带包好，接头的顶留长度不大于 8m，并将余缆盘成圈后挂在杆的高处。地下光缆引上电杆必须用钢管穿管保护，引上杆后，架空的始端可留一定的余兜。

6）管道光缆敷设时，无接头的光缆在直道上敷设应由人工逐个入孔牵引，预先做好接头的光缆，其接头部分不得在管道内穿行。

7）光缆的接续应由受过专门训练的人员完成。接续时应采用光功率器或其他仪器进行监视，使接续损耗达到最小。接续后应安装光缆接头护套。

8）施工中监理工程师或监理员应对施工过程进行监理，对不符合工艺和设计要求的工程，应提出并予以返工。

9）施工完成后应进行调试和测量。

采用场强仪、扫频仪、频谱分析仪、信号发生器、彩色电视监测仪、接地电阻测量仪等仪器进行相应的测试；系统调试程序：卫星天线的调试，共用天线的调试，前端设备的调试，干线传输络的调试，支线及用户分配网络的调试，发现问题，应及时寻找故障，进行修复，使系统符合现行标准和规范的要求，并符合设计要求，并写出调试报告。

10）施工竣工后，应进行竣工验收，验收合格后再交付使用，由使用单位或物业管理部门运行和进行日常维护，在保修期内设计和施工单位对工程仍应负责，即对由设计和施工质量发生的故障，进行检修或工程返工，以保证系统正常、可靠的运行。

第二节　卫星电视与有线电视系统的施工

建筑卫星电视与有线电视系统，有全频道系统、300MHz 邻频传输系统、450MHz 邻频传输系统、550MHz 邻频传输系统、750MHz 邻频传输系统等几类，按其规模的大小分，有大型系统（A 类，10000 户以上）、中型系统（B_1 类，5001～10000 户；B_2 类，2001～5000 户）、中小型系统（C 类，301～2000 户），小型系统（D 类，300 户以上）。不同系统的类型，在施工中有其不同之处，但共同的内容，包括卫星电视接收天线的施工，机房的施工，干线和分配系统的施工等。

一、卫星电视天线的安装和施工

卫星电视接收站由天线和接收机两部分组成，天线通常安装在室外，而接收机包括室外单元（下变频器 LNB）和室内单元（调谐解调器，亦称卫星接收机），接收机机柜安装在机房内。

1. 卫星电视接收和天线的性能要求

（1）卫星电视接收站的一般要求

1）图像输出形式：端口数≥3（专业型含一路复合基带输出）；端口数≥（普及型）。阻抗：75Ω（不平衡）；电平 IV_{p-p}（正极性）。

2）伴音输出形式：端口数≥2；阻抗：600Ω（不平衡）；电平：0±6dBm（可调）。

3）连接电缆：损耗≤5dB；长度（m）：10、20、30；室外、室内单元间连接 30m 电缆时，不影响接收质量。

4）功率分配器：连接端口：FL_{10}-ZY1（输出，输入）；端口数：2、4；隔离度≥20dB。插入损耗≤0.5dB；回波损耗≥17dB（输出、输入口）。

5）天线的抗风能力与环境要求：8 级风时能正常工作；10 级风时降精度工作；12 级风时不破坏（天线朝天锁定）；环境温度：－25～55℃；相对湿度：5%～95%；气压：86～106kPa。

（2）卫星电视接收的电性能要求，见表 4-1。

卫星电视接收的电性能要求　　　　　　　　　　　　表 4-1

技 术 参 数		要　　　求			
		专 业 型		普 及 型	
(1)接收频段		3.7～4.2GHz		3.7～4.2GHz	
(2)品质因数(G_o/T) 注:$(G/T)\geqslant(G_o/T)+20\lg\dfrac{f(\text{GHz})}{3.95}$ 天线仰角为 20°,晴天		天线口径(m)	dB/k	天线口径(m)	dB/k
		3	20.6	1.2	12.03
		4	23.1	1.5	13.97
		4.5	24.6	1.8	15.56
		5	25.6	2.0	16.47
		6	27.2	2.4	18.48
		7.5	29.1		
(3)静态门限值(C/N)		$\leqslant$8dB		$\leqslant$8dB	
(4)增益稳定性		$\leqslant$0.36dB/h		$\leqslant$0.36dB/h	
(5)微分增益失真(DG)		±10%		±12%	
(6)微分相位失真(DP)		±5°		±8°	
(7)亮度/色度增益不等(ΔK)		±10%		±15%	
(8)亮度/色度延时不等($\Delta\tau$)		⊥50ns		+80ns	
(9)图像信噪比(不加数值)		$\geqslant$35.5dB		$\geqslant$33dB	
(10)伴音信噪比(不加数值)		$\geqslant$50.5dB		$\geqslant$48dB	
(11)伴音谐波失真	$0.04\leqslant f(\text{kHz})<0.13$	$\leqslant$2%		$\leqslant$2%	
	$0.13\leqslant f(\text{kHz})\leqslant3.0$	$\leqslant$1.5%		$\leqslant$1.5%	
	$3.0\leqslant f(\text{kHz})\leqslant7.5$	$\leqslant$1.5%		$\leqslant$2.5%	
(12)接收机功耗		$\leqslant$30W		$\leqslant$30W	

（3）卫星电视天线的电性能要求，见表 4-2。

天线的电性能要求

表 4-2

技术参数	天线口径(m)	要　　求	备　　注
(1)接收频段	—	3.7~4.2GHz	
(2)天线增益(G_o)	1.2	≥30.90dB	$G \geqslant G_o + 20\lg \dfrac{f(\text{GHz})}{3.95}$
	1.5	≥32.84dB	
	1.8	≥34.43dB	
	2.0	≥35.34dB	
	2.4	≥37.35dB	
	3.0	≥39.30dB	
	4.0	≥41.80dB	
	4.5	≥43.20dB	
	5.0	≥44.10dB	
	6.0	≥45.70dB	
	7.5	≥47.50dB	
(3)天线分系统效率(η)	1.2,1.5,1.8,2.0	≥50%	
	2.4,3.0,4.0	≥55%	
	4.5,5.0,6.0,7.5	≥60%	适用于1.2~2.4m偏馈天线
(4)圆极化电压轴比	—	≤1.35	
(5)天线噪声温度	1.2~2.4	≤51K	仰角10°时
	3.0,4.0	≤48K	
	4.5~7.5	≤45K	
	1.2~2.4	≤47K	仰角20°时
	3.0,4.0	≤44K	
	4.5~7.5	≤41K	
(6)驻波系数	1.2~2.4	≤1.35	单偏置天线1.20
	3.0~7.5	≤1.30	
(7)交叉极化鉴别率	1.2~3.0	≥23dB	
	4.0~7.5	≥25dB	
(8)天线、广角、旁瓣包络	波瓣峰值90%点不应超过包络线		
(9)天线第一旁瓣电平	—	≤−14dB	单偏置天线应比前馈天线低8dB
(10)天线指向调整范围	1.2~2.4	俯仰 5°~85°，方位 0°~360°	
	3.0~5.0	俯仰 0°~90°，方位 ±90°	
	6.0~7.5	俯仰 0°~90°，方位 ±70°	

2. 天线的选型

根据卫星电视频道表（见表 2-1），找到要接收节目的频道参数，并结合安装所在地区的经纬度计算该节目信号的场强，从而确定天线的口径、馈源、方位角等参数，见表 4-3。

天线收视情况表

表 4-3

地区	方 位 角	天线收视情况
吉林	68.5°	C2.4m
	75°	C1.8m,Ku0.75m
	76.5°	C1.8m(极限接收),Ku0.75m
	78.5°	C1.8m(最低,可下部分),Ku 不覆盖
	80°	C1.8m(极限接收,未加极化片)
	88°	C1.8m
	90°	C1.8m(极限接收,未加极化片)
	100.5°	C1.5m(极限接收),1.8m(稳定接收)
	105.5°	C1.5m,Ku0.75m
	108°	Ku0.75m
	110.5°	C1.8m,Ku0.75m
	113°	C2.4m,Ku0.6m 可下帕拉帕,0.75m 可下韩星 2 套节目,1.2m 可全下
	116°	Ku0.6m(极限接收)0.75m 可全下
	124°	Ku0.75m(可下 3 组),0.9 可全下
	128°	C1.5m(极限接收),1.8m(稳定接收)
	134°	C1.8m(极限接收),2.0m(稳定接收)
	138°,146°	C1.8m
	166°	C2.1m
	169°	C2.4m
北京	68.5°,75°,26.5°,78.5°	C1.8m
	80°	C1.5m(不用加极化片)
	88°	C1.25m
	90°	C1.58m(不用加极化片)
	100.5°	C1.2m(稳定接收),Ku0.45m
	105.5°	C1.5m,Ku0.75m
	113°	C2.4m
	116°,124°	Ku1.2m
	134°,138°,146°	C1.8m
	166°,169°	C1.5m

· 156 ·

地区	方位角	天线收视情况
中原	76.5°,83°,100.5°,134°,146°	C1.35m
	80°	C1.8m(极限接收,未加极化片)
	88°,105.5°	C0.9m,加馈源
	110.5°,113°,138°,169°,90°	C1.5m
	128°,166°	C1.2m,Ku0.9m
张家口	75°,76.5°,78.5°,88°,100.5°,128°,138°,166°	C1.5m
	68.5°,90°,134°	C1.8m
	105.5°,166°	C1.2m
鞍山	68.5°,75°,76.5°,80°,83°,110.5°,128°,134°,138°,146°	C1.5m
	78.5°	C2.4m
	90°	C1.35m
南京	188°,177°,113°	C2.4m
	174°,64°,63°	C2.8m
	160°,162°,158°,154°,150°,144°	Ku1.2m
	166°,146°,128°,124°,108°,105.5°,100.5°,90°,76.5°	C1.5m .
	138°,134°,125°,120°,110.5°,93.5°,78.5°,68.5°	C1.8m
	107.7°,103°,91.5°,80°,66°	C2.1m
	88°	C1.35m

3. 天线的安装和施工

有关卫星电视接收系统天线的安装和施工事项,如下:

(1) 天线场地的确定

天线安装的场地关系到安装、调试、运行、维护和安全。安装天线的场地应选择结构坚实、地面平整的场所。要便于架设钢架,水泥基座等支撑物,能保证长期稳定可靠。

天线指向的方向上没有明显的遮挡物,如树木、房屋、高压线及高山等,并保证有足够的视野。天线和接收机房的距离应尽可能的近,馈线的长度不宜超过 30m。

(2) 天线安装位置的确定

对天线安装的场址,应进行测试,电气测量极为重要,是保证卫星电视正常接收的重要条件。还应根据天线的仰角和方位角在天线安装现场实地观测，场地要有足够的调整高度。

卫星电视接收天线的口径通常比较大，安装高度较高，天线本身重量又较大，因此天线安装时，应考虑好天线的风压负荷。抛物面天线的风压负荷的计算式

$$W = K_h K_s K_o A W_o$$

式中　W——天线的风压负荷；

K_h——风压高度变化系数；

K_s——风载体型系数，（K_s 与天线的迎风角度有关）；

K_o——风压负荷调整系数，（K_o 与天线安装的环境条件有关）；

W_o——基本风压，（250～600，如北京：350，上海：500，福州：600）；

A——抛物面天线的迎风面积。

实际工程的测试举例，如下：

举例（1）

选用英国马可尼综合频谱测试分析仪，型号：Mar2955B.

该大厦 CATV 系统中，准备接收"日本百合花三号"110。E 卫星电视节目；"亚洲一号"105.5°E 卫星电视节目；"泛美二号"169°E 卫星电视节目。

"泛美二号"169°E 卫星位置为正东方向偏南 11°，所测到的微波信号见表 4-4。

测试数据表（1）　　　　　　　　表 4-4

序号	微波频率（MHz）	信号强度（dB）	本振频率（MHz）	差拍频率（MHz）	备 注
1	966.00	87.00	5150	4184.00	
2	1024.00	90.00	5150	4126.00	
3	1085.00	88.00	5150	4065.00	
4	1182.00	93.00	5150	3968.00	
5	1300.00	85.00	5150	3850.00	
6	1240.00	90.00	5150	3910.00	
7	1245.00	85.00	5150	3905.00	
8	1450.00	100.00	5150	3700.00	

"泛美二号"模拟电视信号有美国 CNN 有线电视新闻网；日本 NHK 综合节目。其下行频率为：

CNN　3968MHz

NHK　4037MHz

结论：

① 卫星下行频率的频带宽度为 16MHz 一个带宽，上表中第四个微波频率差拍下来正好落在 3986MHz 上。因此，该卫星 CNN 节目在当地无法收看！

② NHK 的下行频率是 4037MHz，与它最接近的微波频率是 4065MHz。因此，该微波对它影响不大。

举例（2）

"亚洲一号" 105.5°E 卫星位置为正南方向偏西 10.5°，所测到的微波信号见表 4-5。

测试数据表（2）　　　　表 4-5

序号	微波频率(MHz)	信号强度(dB)	本振频率(MHz)	差拍频率(MHz)	备 注
1	980.00	97.00	5150	4170.00	
2	1030.00	98.00	5150	4120.00	
3	1092.00	103.00	5150	4058.00	
4	1146.00	68.00	5150	4004.00	
5	1182.00	90.00	5150	3968.00	
6	1243.00	88.00	5150	3907.00	
7	1297.00	75.00	5150	3853.00	
8	1453.00	105.00	5150	3697.00	

卫视体育台	3800MHz	卫视电影台	3880MHz
卫视音乐台	3840MHz	中央四台	4120MHz
卫视合家欢台	3960MHz	云南台	4040MHz
卫视中文台	3920MHz	贵州台	4040MHz
蒙古台	3760MHz		

结论：

按照 16MHz 一个卫星电视频带宽度测定，可以正常收看的节目如下：

卫视体育台　　可以正常收看　　　卫视电影台　　可以正常收看

卫视音乐台　　干扰较严重　　　　中央四台　　　干扰较严重

卫视合家欢台　干扰较严重　　　　云南台　　　　可以正常收看

卫视中文台　　　有干扰　　　　　贵州台　　　　可以正常收看

蒙古台　　　可以正常收看

日本 110°E 卫星在正南方向偏西 20°，它为 Ku-Band 信号，其下行频率为 12GHz，本振频率为 10.75GHz，所测量的微波信号频率不会对它产生任何影响。

根据经验微波信号强度在 50dB 以上，开始对电视信号产生干扰，50dB 以下可以不予考虑！

天线的安装位置不宜装在高层楼顶上，这样，天线的风压负荷大，并易遭受雷击，安装调试，日常维护也较为不便，所以，天线宜安装在高楼旁的矮楼或平房顶上，宜选择一个背风处，又宜选择没有防水层的屋梁来固定天线。否则安装天线时要破坏原防水层，安装后重新施工防水层。

（3）天线指向的确定

天线安装的难点是天线方位、仰角的确定，高频头位置的确定和极化角度的调整。在这几个环节上出现问题就会极大的影响卫星电视的收视效果。

天线指向的确定，目的是为了对准卫星，具体内容是确定天线的仰角和方位角，其计算式，如下：

仰角　　$EL = \text{tg}^{-1} \dfrac{\cos(\psi_r - \psi_s)\cos\theta - 0.1512}{\sqrt{1 - [\cos(\psi_r - \psi_s)\cos\theta]^2}}$

方位角　　　$A_z = 180° - \text{tg}^{-1} \dfrac{\text{tg}(\psi_r - \psi_s)}{\sin\theta}$

式中　EL——仰角；

　　　A_z——方位角；

　　　ψ_s——卫星的定点位置的经度；

ψ_r——接收点的地理位置的经度;

θ——接收点的地理位置的纬度。

计算时可使用卫星定位自动计算软件,只要输入当地地名或周边大城市的名称,就可方便地计算出有关参数。

工程上,通常采用指南针来定向,但 A_z 值要经修正。

亚洲地区卫星分布情况,见表4-6。

亚洲地区卫星分布表　　　　　　　　　　表 4-6

卫星名称	中文名称	静止轨道位置	波　　段
IntelSat 701	国际 701	180.0E	C/Ku
IntelSat 702	国际 702	177.0E	C/Ku
IntelSat 802	国际 802	174.0E	C/Ku
PAS 2	泛美 2 号	169.0E	C/Ku
SuperBird B1	超鸟 2 号	162.0E	Ku
SuperBird A1	超鸟 1 号	158.0E	Ku
JCSAT 2	日本通信卫星 2 号	154.0E	Ku
Palapa C1	帕拉帕 C1	150.5E	C
JCSAT 5	日本通信卫星 5 号	150.0E	Ku
Measat 2	马星 2 号	148.0E	Ku
Agila 2	马布海 2 号	146.0E	C/Ku
Gorizont 21	静止 21	145.0E	C/Ku
Super Bird C	超鸟 3 号	144.0E	Ku
Gorizont 22	静止 22	140.0E	C
Apstar 1	亚太 1 号	138.0E	C
Apstar 1A	亚太 1A	134.0E	C
JCSAT 3	日本通信卫星 3 号	128.0E	C/Ku
China Sat 6	中星 6 号	125.0E	C
JCSAT 4	日本通信卫星 4 号	124.0E	Ku
Gorizont 30	静止 30	122.0E	C
Thaicom 1A	泰星 1 号	120.0E	C
KoreaSat 1/2	韩星	116.0E	Ku
Palapa C2	帕拉帕 C2	113.0E	C/Ku
Sino 1	鑫诺 1 号	110.50E	C/Ku
BSAT 1A	日本广播卫星 1A	110.0E	Ku
Palapa B2R	帕拉帕 B2R	108.0E	C
AsiaSat 1	亚洲 1 号	105.50E	C
Gorizont 25	静止 25	103.0E	C/Ku

续表

卫星名称	中文名称	静止轨道位置	波 段
AsiaSat 2	亚洲 2 号	100.50E	C/Ku
Gorizont 27	静止 27	96.3E	C/Ku
Insat 2B/2C	印星 2 号	93.50E	C
Measat 1	马星 1 号	91.50E	C/Ku
Gorizont 28	静止 28	90.0E	C
ChinaStar 1	中卫 1 号	87.5E	C/Ku
Insat 1D	印星 1 号	83.0E	C
Thaicom 2/3	泰星 2/3 号	78.5E	C
Apstar 2R	亚太 2R	76.5E	C/Ku
PAS 4	泛美 4 号	68.5E	C/Ku

（4）天线基础的施工

天线可以安装在地面，也可以安装在平屋顶上，特别在城市里，由于空地有限，很多使用单位希望天线能安装在屋顶上。因此，天线基础可分为两类：地面基础与屋顶基础。

1）天线上荷载。天线的主要荷载有天线自重及风荷载，前者属于静荷载，后者属于动荷载。设置基础的目的是使天线置于一个稳定的基面上，同时防止天线在风荷载作用下的倾覆。

2）地面基础。一般生产天线的厂家都要提供天线结构图和安装技术说明，1.8m、2m、2.4m、3m 和 4.5m 卫星电视接收天线外形和地基简图如图 4-2～图 4-4 所示。

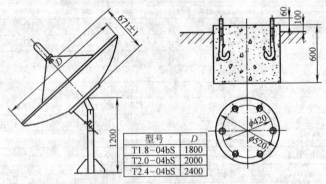

型号	D
T1.8-04bS	1800
T2.0-04bS	2000
T2.4-04bS	2400

图 4-2　1.8m、2m 和 2.4m 卫星电视接收天线外形和地基图例

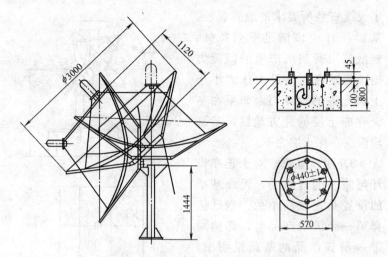

图 4-3　3m 卫星电视接收天线外形和地基图例

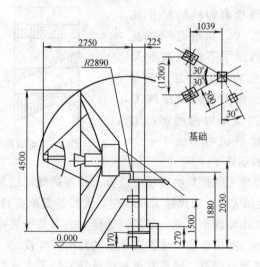

图 4-4　4.5m 卫星电视接收天线外形和地基图例

对于 4.5m 以上的天线，一般应由生产厂家派人指导或由专业安装队进行安装，用户予以配合。

如图 4-5 所示，地基基础是一块钢筋混凝土大平板，并预埋了天线安装所要求的地脚螺栓。基础设计应该满足下列条件：能抵抗风荷载所产生的倾覆力矩，基础底面的最大压力小于土壤允许的耐压力。如果在冬天有冻土层的北方地区，基础埋深应在冻土层之下。

3）屋顶基础。对于正在设计与施工的建筑物，天线基础的设置是比较简单的。当已选择了一个天线产品时，必然附带一份该产品的基础说明书，说明书中详细地标注了天线预埋件及预埋地脚螺栓的尺寸及各种技术要求，并附有一张表格，表格列出了不同风速下天线各支承点的最大拉力、压力及横向力。只需向建设结构工程师提供这份基础说明书，他就可以根据该说明书设计一个符合要求的基础了。

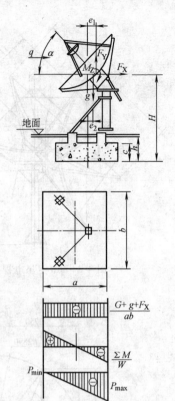

图 4-5　地面基础

在已经建成的建筑物屋顶上设置天线基础则比较复杂，如一个 7m 口径的天线，当风速 42m/s 时，天线各支承点的最大压力、拉力均达到几吨到十几吨。显然，这样大的力是不能将天线架设在楼板上的。办法是按天线各支承点的几何尺寸设计一套钢筋混凝土梁系或钢梁梁系。梁系支承在建筑物的柱子上或钢筋混凝土剪力墙上或砖墙上，天线架设在梁上，梁通过基礅将力传到柱子和墙上。基礅要设置锚筋，使它能承受天线传过来的拉力或压力。图 4-6 及图 4-7 是基礅与钢筋混凝土柱子及砖墙锚固的构造。

4）天线基础方位的确定——测定真北。为使一台天线尽可能接收多颗卫星电视节目，希望天线座架主轴线指向正南，即在基础施工中，要确定真北。

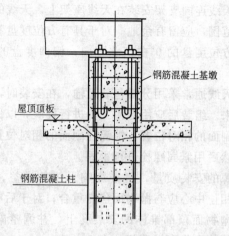

图 4-6 屋顶基础基墩与钢筋混凝土柱子锚固

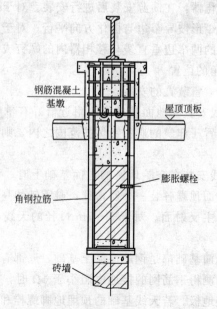

图 4-7 屋顶基础基墩与砖墙锚固

（5）天线的安装

当天线地基施工完毕后，一般要等几天，让其混凝土凝固后，即可将天线连同支架安装在天线座架上。天线的方位通常有一定的调整范围，应留有余地。对于具有方位度盘和俯仰度盘的天线，应使方位度盘的 0°在正北方向，俯仰度盘的 0°与水平面保持一致。

较大的天线通常采用分瓣包装运输，在安装时，应把各部分重新组装起来。组装后应用专用工具进行校验，以保证型面的误差，主面与副面的相对位置、馈源与副面的相对位置，其误差不超过规定。然后用紧固螺栓进行紧固。

天线馈源的安装质量，直接影响天线的增益。对于前馈天线，馈源的相位中心应与抛物面焦点重合；对于后馈天线，应将馈源固定在抛物面顶部锥体的安装孔上，并调整副反射面的距离，使抛物面能聚焦在馈源相位中心上。

天线的极化器，在馈源安装后进行安装。对于线极化，应使馈源输出口的矩形波导窄边与极化方向平行；对于圆极化波，应使矩形导波口的两窄边垂直线与移相器内的螺钉或介质片所在平面相交成 45°角的位置。

（6）天线避雷装置的安装

1）当天线安装在地面基础上，附近恰好有带防雷系统的建筑物，且天线置于建筑的避雷针保护范围之内，则天线可以不再设置避雷针。

2）当天线安装在空旷地区的地面基础上时，可以在主反射面上沿副反射面顶端各装一个避雷针，避雷针的高度应使其保护范围覆盖整个主反射面。对于 5～7m 口径的天线，避雷针高度 1～2m 就够了。

天线的地面基础都是钢筋混凝土基础，底部有一层钢筋网与土地相通。当测得钢筋网的接地电阻小于 4Ω 时，可以当作天线防雷系统的接地极。若天线基础的预埋地脚螺栓和建筑钢筋网相连的话，则只要把避雷针用镀锌钢筋或扁铁和地脚螺栓连接上即可，使施工大为简便。如果基础钢筋网的接地电阻大于 4Ω 时，则应另作接地极，保证接地电阻小于 4Ω。

3）当天线安装在建筑物的楼顶上时，宜将天线的避雷针与建筑物的防雷网连接起来。

单根避雷针安装时，应安装在天线接收方向的背后，与天线最近的避雷机构距离等于或大于 3m，避雷针设拉绳时，其拉点高度应低于天线工作状态时的高度。避雷针各段宜采用焊接方法，使之连为整体。

避雷针的接地应有独立走线，不允许将防雷接地与接收设备的室内接地共用，否则会遭到雷电反击，造成设备的损坏，甚至人员伤亡。当天线和设备受避雷针保护伞保护时，避雷针接地引线要和天线分开，即天线系统的地与避雷系统的地分开，机器设备的地与防雷系统的地分开，以便雷击时，雷电流以最小电阻通过防雷保护系统入地，而不进入机器设备，从而减小对设备的损害。校验防雷保护范围时，其计算方法，可参见《建筑物防雷设计规范》。

（7）馈源盘的安装

将反射面朝上安放在地面上，以便安装双极性高频头的馈源盘，可采用四根支撑杆将馈源盘固定在抛物面的焦点处。支撑杆有圆孔的一端固定在抛物面圆周边沿的孔上，支撑杆的另一端具有长形槽孔，用来固定馈源盘，调整螺钉在长形槽孔的不同位置，可使馈源盘对抛物面的轴线做横向调节。

然后将反射面抬起，小心地安装在天线环形托架上，反射面筋条上的孔要与托架上突出的 U 形铁的孔对准，并用螺栓紧固。

（8）高频头的安装

当地面卫星接收天线安装完毕之后，就可着手安装高频头。安装时先将馈源和高频头用螺钉紧固，注意在连接过程中，应装入密封胶圈，以防雨水进入连接处。高频头的信号输出插座与同轴电缆连接后也应用防水胶带缠绕，以防漏水。最后，还应用一块较厚的塑胶布包一层，使防水更可靠。将带有高频头的馈源装到馈源支撑架上，在安装过程中应使馈源的波纹面位于天线抛物面的焦点上。对于后馈式天线，则应将馈源的喇叭口拆下，把馈源的主体从抛物面的背面向前安装。最后根据所接收卫星信号的极化方式，调整馈源的角度。

1) 高频头安装的具体步骤

① 将高频头插入馈源盘中央的大圆孔中。

② 根据天线参数 F/O 值，将馈源盘凸缘端面对准高频头侧面的相应刻度上。

③ 将高频头顶端面上的"0"刻度垂直于水平面。

④ 将馈源凸缘侧面的制紧螺钉稍微拧紧。

⑤ 把高频头的 IF 输出电缆与接收机的 LNB 输入端口连接好。

2) 高频头位置的调整

当接收天线波束已调整对准某颗卫星后，便可使用卫星信号测试仪调整高频头的位置，此时高频头的输出电缆改接至卫星信号测试仪的输入端，其步骤如下：

① 首先应检查馈源是否处于抛物面天线的中心，焦点是否正确，否则可以稍微调整馈源支撑杆，使之对准，以信号最大为准。

② 检查高频头侧面的 F/D 刻度是否按天线所给出参数 F/D 对准，为此可略微前后调节，使卫星信号测试仪信号显示最大。

③ 卫星发射的电视信号，只有在卫星所在经度的子午线上，其极化方向才是完全水平或垂直的，而在其他地区接收时，会略有偏差，在实际接收时，应稍微旋转高频头的方向，以使信号最大，这时高频头顶端面上的刻度"0"可能不完全垂直于水平面。

④ 按动卫星接收机 H/Y 键，这时为一极化方向的信号也应该是最佳的。

（9）天线安装后的测试和天线角度的调整

1) 天线主反射面精度的校准

天线主反射面精度是指实际生产出来的天线曲面与理论设计

数据之间的差值，用均方根值表示。

反射面精度的检测，常用的方法有两种，一是样板测量法，二是经纬仪钢带尺测量法，后者精度高，但测量复杂。

2）主反射面、副反射面及馈源同轴度的校准

在天线安装中，要求主、副反射面及馈源的轴线重合，并保证其相对位置正确。由于安装误差，可能造成主、副反射面两轴线不平行。机械安装误差直接影响电气性能，影响收视效果，所以，在天线安装时，宜使用准直平行光管仪检查，这种方法方便直观，通过电气性能测试来调整机械安装精度。

3）方向图曲线的测试

用卫星信标测试仪来测试天线方向图曲线；方向图应是轴对称的，如果第一对旁瓣的高度不一致，说明轴平行度不好；如果第一对旁瓣位置不对称，说明主、副反射面轴线不重合。

测试方向图时，天线驱动应是电动的，转速均匀，测出的方向图曲线是光滑的。

4）天线极化匹配的调整

① 根据卫星下行信号的极化方式，调整极化器。弄清极化器安装图的视角是面对天线或是背对天线向馈源看过去，这一点很重要，应是从波导口向馈源方向看过去。安装小口径天线时，往往是背向天线从波导口向馈源方向看。对照安装图安装极化器时，常因视角不同而装反，而无法收到信号。必须进行核对和调整。

② 在卫星覆盖波束中心之外，由于地面天线所在地理位置与卫星波束中心的经度差和地球曲率的影响，存在一个极化角，即卫星发射的水平线极化波极化相对欲收点卫星接收天线水平极化的交角。

极化角会引起极化损耗，对收视产生不良影响。所以，调试时，应对极化角进行调整，以使极化损耗降到最低。

5）天线角度的调整

天线应该对准卫星，在对准卫星的操作中有两种方法，一种是使用数字接收机，另一种是使用寻星仪，有条件的情况下以使用寻星仪较为准确。

① 使用数字接收机对准卫星

例如亚洲二号卫星上在 Ku 波段的部分节目，见表 4-7。

亚洲二号卫星在 Ku 波段的部分节目　　　　表 4-7

垂直/水平	频率	符号率	电视节目
水平	12456	19850	CCTV4、CCTV3、CCTV9
水平	12329	6930	北京电视台
水平	12339	6930	山西电视台
水平	12349	6930	河北电视台
水平	12372	6930	天津电视台
垂直	12221	6000	中国国际广播电台

根据表 4-7 所示的数据，调整数字接收机上各个参数，观察到相应电视图像，使信号电平值达到最大，然后将高频头旋转 90°，就可完成对星工作。

使用这种方法对星，比较直接，准确度也较高，但由于数字信号的"阈值"效应，所以要求仔细地调整角度。

② 使用寻星仪对准卫星

寻星仪是包括电视接收机、留视器，频谱分析仪的多功能测试仪器，内置蓄电池可对高频头馈电，通过监视器上有无卫星频谱或卫星频谱的大小，来快速确定天线是否对准卫星，即快速的使天线角度调整到最佳位置。

二、卫星电视接收系统机房的安装和施工

通常是将卫星电视接收系统和有线电视机房是合在一个机房内的，只有在规模特别大的系统内，才独立设置卫星电视接收系统机房。现将合并机房的安装和施工，作为叙述的对象。

1. 机房的选址

机房选址时应注意如下事项

（1）首先要根据所选购的设备情况，以及使用的要求来选择和确定机房的面积、楼层、设备布置。

举例如下：

某大厦卫星接收及有线电视系统是指卫星接收、广播台、有线电视台的电视节目，经过前端设备处理后，用线缆传输的方式传送给各用户终端的电视系统。它具有容量大、图象质量高、系统稳定性好等特点。

根据大厦建筑情况及所需配套设施要求，整个建筑需要一套水准较好的卫星电视系统，来接收外部信息，为住店客人提供优良的服务。所以在设备选用方面应考虑功能强、指标高、可靠性好的设备，整个系统设计应根据《GY/T 106—92 有线电视广播系统技术规范》的要求，从前端到分配系统到终端，全部按标准设计并保证其指标达到或超过上述标准的要求。

分配系统为 750MHz 邻频传输系统。整个系统中关键设备，选用日本力强公司产品，前端设备为广播级，具有指标高、可靠性高等特点，并在国内进口设备中，最具有知名度。

为能达到广泛接收信息的目的，系统设计传送 30 路左右的节目，其中，卫星节目占一定数量，同时接收开路及有线节目。根据要求，终端大约为 150 个。

由于本系统中分配网络为 750MHz 邻频传输系统，具有较多的信道容量，在将来需要时可以再增加节目数量。

电视节目一览表，见表 4-8。

机房所用设备清单，见表 4-9。

电视节目一览表　　　　　　　　　表 4-8

中央电视台	1、2、3、4、5、6、7、8
北京电视台	1、2、3、4
北京有线电视台	1,2,3,4,山东,浙江,四川,云南,贵州,广东,广西,湖南
亚洲一号卫星	卫视体育台,中文台,合家欢,MTV
自办节目	1 套

设备清单　　　　　　　　　　　　表 4-9

序号	名　称	型号	产地	数量	单位
1	卫星天线	4.5m	国产	1	套
2	开路天线		国产	1	套
3	功分器	6功分	日本力强	1	台
4	卫星接收机	C5	日本东芝	5	台
5	制式转换器	AN200P	中国台湾	5	台
6	调制器	HEM550D	日本力强	12	台
7	解调器	HER870D	日本力强	6	台
8	混合器	HEC-121D	日本力强	1	台
9	前置放大器	IC860	美国 AMARK	1	台
10	机柜		英斯泰克	2	个
11	有线接收器		国产	1	套
12	电源供给器	AIPHA	美国	1	台
13	录像机	HD550	日本	1	台
14	影碟机	V8K	日本	1	台
15	电缆		国产	4.5	km
16	分支分配器		国产	60	只
17	终端		合资	150	只
18	各种插头		国产	1	批

实际选择时，选择两间房，一间是设备间，一间是演播间，两房间有观察玻璃窗相隔，并有出入门相通，演播间示意图，见图 4-8。

（2）机房的选址还要根据电源供电情况，有时可以利用照明用电，通常机房内应设置电源供电动力箱，应保证有足够容量。以及电源应具有一定的保护功能。

（3）机房应设置在离卫星接收天线距离较近的房间，并应是较便于接入有线电视系统处。

（4）机房内应有给排水设备。

（5）机房宜设置在便于安装防雷接地装置的房间。

（6）机房内应具有采暖空调系统和通风装置。

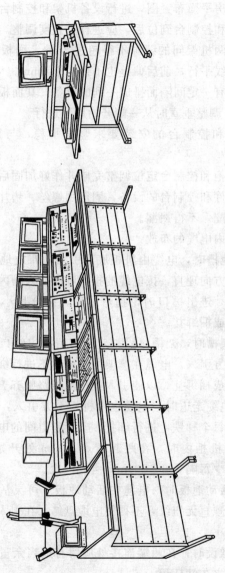

图 4-8　演播间示意图

2. 机房设备的安装和施工

（1）按机房平面布置图，进行设备机架和控制台定位。

（2）机柜和控制台到位后，应进行垂直度调整。几个机柜并排在一起时，两机架间的缝隙不得超过 3mm。面板应在同一平面上并与基准线平行，前后偏差也不得大于 3mm。

对于相互有一定间隔而排成一列的设备，其面板前后偏差不应大于 5mm。调整垂直时从一端开始顺序进行。

（3）机柜和控制台的安装要求竖直平稳，与地面间接角垫实。

（4）在机柜和控制台定位调整完毕并作好加固后，安装机柜内的机盘、部件和控制台的设备，固定用螺丝、垫片、弹簧垫片均应按要求装配，不得遗漏。

（5）机房内电缆的布放

1）采用地槽时，电缆由机柜底部引入，布放地槽电缆应将电缆顺着所盘方向理直，按电缆的排列顺序放入槽内，顺直无扭纹，不需绑扎。进出槽口时，拐弯适度，符合最小曲率半径要求，拐弯处应成捆绑扎。

2）采用架槽时，架槽每隔一定距离留有出线口，电缆由出线口从机架上方引入。电缆在槽架内布放可不进行绑扎。但在引入机柜时，应成捆绑扎，以使引入机柜的线路整齐美观。

3）采用电缆走道时，电缆也由机柜上方引入，走道上布放的电缆，应在每个梯铁上进行绑扎。上下走道间的电缆，或电缆离开走道进入机柜内时，在距起弯点 10mm 处开始进行绑扎。根据数量的多少每隔 100～200mm 绑扎一次。

4）采用活动地板时，电缆在活动地板下可灵活布放，但仍应注意使电缆顺直无扭纹，不得使电缆盘结，在引入机柜处仍需成捆绑扎。

5）电缆敷设时，在两端连接处应留有适当余量，并应在两端标志明显的永久性标记。

6）各种电缆插头的装设应遵照生产厂的要求实施。要做到接触良好、牢固、美观。

（6）机房的接地装置

1）机房内接地母线的路由、规格应符合设计图纸的要求。

2）接地母线表面完整。应无明显锤痕以及残余焊剂渣，铜带母线应光滑无毛刺。绝缘线的绝缘层不得有老化龟裂现象。

3）接地母线宜铺设在地槽和电缆走道中央，或固定在架槽外侧，母线平整、不歪斜、不弯曲，母线与机柜或机顶的连接应牢固端正。

4）铜带母线在电缆走道上要用螺钉固定。铜绞线的母线如在电缆走道上则应绑扎在横档上。

（7）电源和其他

1）机房内应安装独立控制的 220V 的交流电源箱，应有必要的保护和显示装置。

2）引入引出房屋的电缆，在入口处要加装防水罩，向上引的电缆，在入口处还应作成滴水弯、弯度不得小于电缆的最小弯曲半径。电缆沿墙上下引时，应设支持物，将电缆固定（绑扎）在支持物上，支持物的间隔距离视电缆的多少而定，一般不得大于 1m。

3）卫星接收系统接收信号，经过机房调制器等设备的处理后应可靠的接入有线电视系统中。

三、有线电视系统的安装和施工

1. 前端的安装

前端设备的安装主要是指放大器、混合器、滤波器、衰减器、分配器、分支器及功放电源等部件的安装。对中小型系统来讲，前端的设备并不多，一般均安装在前端箱内，前端箱的规格和结构类似普通电工设备中的配电箱。假如楼房在施工前在墙体内已预留出前端箱的位置则称为暗装式。前端箱也可以设计成明装式，箱体应是钢结构，其大小除要能安装下前端所需的设备外，还应考虑到电源插座，以供有源部件使用，以及照明灯。

在确定各部件的安装位置时，要考虑到各部件之间电缆连接的走向要合理。尽量避免互相交叉，特别不能为了走线的美观而像电工线路那样将电缆拐成死弯，导致信号质量的下降。

对于较复杂的前端，如采用邻频传输技术的前端，就不能采用上述前端箱的方式，而宜采用控制台或标准机柜的样式，以便于操作和维修。这样，前端设备就应安装在机房内。

2. 光纤干线的施工

光纤干线的施工，包括光发射机、光接收机的安装，光缆的敷设，光纤的熔接等部分。

（1）光发射机和反向光接收机的安装

在单向传输光纤系统中，前端机房只需安装光发射机。但在双向传输系统中，还应安装分别接收从各光节点反向传输光信号的反向光接收机。系统中有一个反向光节点，就有一台反向光接收机，故在前端机房内安装的反向光接收机是比较多的。不过，由于反向光接收机的体积较小，可以把几个反向光接收机模块安装在一个机箱内。光发射机和反向光接收机应固定在通风、散热良好的机架上。光发射机和前端宽带放大器、反向光接收机与相应的电信号处理设备之间要尽可能离得近一些。

光发射机的输入端通过电缆与前端混合器后的宽带放大器输出口相连。由于一般都有几个光发射机，有的还需要通过电缆直接把电信号送入前端附近的用户，故在前端宽带放大器后要接一个分配器，把电信号分成几路，分别进入不同的光发射机。

光信号的输出是通过在光发射机的输出端接一个带尾纤的光连接器（光纤活动接头），并把该尾纤接到光配线盒上来进行的。为了加大反射损耗，避免反射光对光发射机性能的影响，通常都要采用 FC/APC 或 SC/APC 连接器。连接时，一定要保证端面的清洁，可先用脱水酒精擦洗干净，再与插座拧紧或插紧。光纤连接器的耦合工艺，应严格按规定进行。

反向光接收机的输入端也通过一个带尾纤的光连接器与光配线盒相连，输入来自光纤干线的反向光信号。输出端通过电缆与电信号处理设备相连，以把 5～30MHz 的电信号（或频率更高的信号）作进一步的处理。

无论是光发射机输出的光信号还是从光节点输入的反向光信号，都要经过前端机房的光配线盒。光配线盒是用来对光纤进行配线的盒子，其中的主要器件是光连接器（俗称法兰盘）。从光发射机直接输出的光纤（或光与分光器的输入端熔接在一起，再经过分光器输出端输出的光纤）的端点要熔接在 FC/APC 接头，通过光配线盒中的光连接器与从前端输出的下行光缆上熔接的 FC/APC 接头进行活动连接；从光节点来的反向光纤端点的 FC/APC 接头，也通过光配线盒中的光连接器与反向光接收机输入端上熔接的 FC/APC 接头进行活动连接。这里之所以采用活动连接，而不是熔接，主要是便于进行维护或光功率的测量，也便于更换损坏了的器件。

光发射机和光接收机，端机上的光缆，应留约 10m 的余量，余缆盘成圈后应妥善放置。

（2）光缆的敷设

由于光缆的性能在受到外力作用时容易发生变化，且机械强度较低，所以在光缆敷设前，应检查光缆有无破损，用 OT-DR 检测仪检查每根光纤的衰减量是否符合要求，还要对光缆的路由，进行配盘，按光缆制作顺序，安排每盘光缆的所在地段；采用管道敷设时，还应使光缆的长度适合地下管道入孔之间的距离，施加在光缆上的牵引力，不得超过光缆的最大允许张力，弯曲半径应大于光缆外径的 20 倍，避免光缆的扭转，打圈等。

1）光缆敷设的方式

光缆敷设的方式有管道、直埋、水底和架空等几种方式。

① 管道敷设

A. 在每根水泥管孔（利用现成地下管道）中设 3～4 个塑料管；

B. 每一根塑料管中敷设一根光缆（塑料管的内径应比光缆外径大 20%～50%）；

C. 敷设时，先在塑料管内穿一根钢丝，把钢丝与光缆加强筋固定在一起；

D. 通过钢丝牵引光缆，在光缆进出管口或入孔时，应有专人协助输送光缆。并加设 PE 软管等导向装置，在光缆表面涂以润滑剂，避免光缆受损；

E. 每 100m 应留 0.5m 的余缆，便于维护；

F. 每个入孔处也应留有余缆（5～10m），盘好后悬挂在入孔托架上，便于损坏时进行熔接；

G. 光缆敷设好以后，用沥青堵塞水泥管道和塑料管，防止小动物和泥土进入。

② 直埋光缆

A. 先挖光缆沟，光缆沟要尽量沿一条直线，沟底平坦，坡度合适；光缆沟深度应大于 1.2m，有的情况也应不小于 0.8m；

B. 敷设光缆前，应检查沟底情况，不能有石块等尖硬物质；

C. 将光缆敷放在光缆沟内，然后进行回填；

D. 回填好后，应设立标石，便于日后维护，也可提示其他工程施工，免受破坏；

E. 光缆接头及余缆要放在预先设置的接头井孔中，便于维修；

F. 直埋光缆宜采用铠装光缆。

③ 水底光缆

采用光缆船等将光缆放入水底，不保证光缆在水中腾空。水深超过 8m 时，可以不用掩埋，否则以深度 0.5～1.5m 进行掩埋。敷设完后应在岸边设置"禁止抛锚"的标志牌。

④ 架空光缆

A. 应选择具有防水、防潮、防腐蚀能力，且应具有较大的机械强度的光缆；

B. 架设时，可利用现成的电杆，市区电杆间距约 35～40m，郊区电杆间距约为 40～50m，敷设前应计算电杆的强度；

C. 架空光缆宜悬挂在镀锌钢绞线上，也可采用自承式光缆；

D. 敷设时，可采用滑轮牵引法，即先在吊线上每隔 10～20m 钩上一个放线滑轮，将光缆通过放线滑轮悬挂在吊线上，从中间向两头牵引；

E. 光缆悬挂后，每隔 50cm 用一个挂钩挂在吊线上，再拆下放线滑轮，继续架设其他光缆；

F. 架空光缆，每 100m 应留 1m 的余缆，接续点宜多余一段，余缆长度宜为 15～20m，盘好后挂在电杆上，便于维修时进行熔接；

G. 光纤接头盒要安装在电杆上或电杆附近的吊线上；

H. 在架空光缆的电杆上应采取防雷措施。

2）光纤的接续

光纤的接续，就是把两根光纤的芯线和包层分别连接在一起，能让光信号顺利地从一根光纤传到另一根光纤。

光纤的接续有两种方式，一是活动连接，一是固定连接。固定连接又分粘接和熔接两种；粘接又有 V 型槽和套管法两种。光发射机、光接收机等与光缆的连接宜采用活动连接，即采用活动连接头相连。

熔接法虽然要具备昂贵的光纤熔接机，但它能自动操作，熔接后的性能稳定、熔接损耗低、接头体积小、机械强度高，所以，应用广泛。熔接机又有电弧放电加热和二氧化碳激光加热，目前主要采用价格较低廉的电弧放电加热设备。具体方法，如下：

① 熔接前的准备

A. 接续前要注意光纤的颜色、编号，不能接错；

B. 熔接前，先去掉待熔接的两根光缆头损坏的部分，剥开外护套 90cm，找出套管和光纤；

C. 用沾有汽油或酒精的棉布擦去油膏，用刀片或专用工具将光纤外涂层剥去 3cm 左右，用酒精棉擦洗干净后放在垫片上；

D. 用玻璃刀垂直划痕，依附垫片掰断，得到断面垂直并处理好的光纤；

E. 穿入光纤热缩保护加强管,即可开始熔接。

② 熔接

A. 熔接时,先接通熔接机的电源,打开电源开关,将待接光纤放在光纤平台的夹具内,盖上电极盖,按定位键,监控部分自动对光纤进行三维校准、对齐,调至准直,中间分开 $15\mu m \sim 20\mu m$;

B. 按熔接键,熔接机将自动进行预加热放电,使端部软化,然后将它们纵向移动,使其接触,继续放电加热,能高达$1800 \sim 2000℃$的高温,同时将光纤稍稍压入,即可把两根光纤熔接在一起;

C. 熔接后光纤,熔接机能自动测量其接头损耗和反射损耗,并在监视器屏幕上显示出来。如插入损耗大于 0.1dB 或反射损耗太小时,要把它切断,重新熔接;

D. 熔接合格时,按复位键取出光纤,用随机附带加热器将热缩管熔缩;

E. 为了保证具有足够的机械强度和密封性,熔接时应采用光缆护套接头盒,接头盒内有光纤接头、盘放余长光纤的板架,连接或固定加强筋,外护套的装置等;

F. 各根光纤都熔接处理好后,要在板架上将光纤盘好,其弯曲半径不小于30cm。除了把光纤熔接在一起外,对于外护套、加强筋、金属护层等也要连接好,并进行密封、防水、防渗漏处理。

3. 光接收机和反向光发射机的安装

(1) 光接收机和反向光发射机通常都做成一个整体。放在密封、防水的铸铝盒内。如采用架空光缆方式时,把它挂在距电杆1m 左右的吊线上;

(2) 光接收机中每个光检测器的输入和反向光发射机的输出都应通过一个光纤活动接头与光缆连接;

(3) 单向光纤系统中只有一个光检测器的光接收机有一个光纤活动接头;

（4）采用 $1.31\mu m$ 和 $1.55\mu m$ 两个波长的光进行波分复用或采用两根光纤各传输一半频道时，这样，有两个光检测器的光接收机则应有两个光纤活动接头；

（5）对于双向光纤系统，应增加一个反向光发射机的光纤活动接头；

（6）光接收机的输出和反向光发射机的输入则与用户分配系统的电缆相连，光接收机和反向光发射机所需的电源，也应通过电缆馈入。

4. 光纤干线施工后的调试

光纤干线施工完成后，要认真调试，调试方法，如下：

（1）关闭所有正向和反向光发射机的电源。在前端用 OTDR 对每根光纤进行测试，记录每根光纤的长度，每段光纤和每个熔接点的损耗。如发现损耗太大，要更换光纤或重新进行熔接；

（2）测试光发射机输入的高频信号电平及其平坦性是否符合要求；

（3）断开光发射机输出口的活动接头，打开电源，在输出口测试光发射机的输出功率，看其是否符合要求，记录数据后把光缆和光发射机重新连接起来；

（4）光发射机正常工作以后，在光接收机的输入光缆处测试输入光信号的功率，视其是否正常，并记录数据。对于用两根光纤分别传输一半频道的系统，应保证两根光纤输出光功率的一致性；

（5）检查光接收机的电源电压是否正常；

（6）将光缆与光接收机连接，打开电源，调整光接收机输出高频信号的电平和斜率。各部分均正常，记录数据后即可开通系统。反向光传输系统也要同样的测试，并记录数据。

5. 分配网络的安装和施工

分配网络的安装有明装和暗装两种方式，对于新建的楼房应采用暗装方式。分配网络的大量工作是分支电缆的辐射盒，用户终端盒的安装。

（1）电缆的敷设

暗装方式的分配网络的电缆是通过预埋在墙体的穿线管和用户终端盒连接的。墙体内的穿线管应尽量走直线，若需要拐弯的地方不能拐死弯。采用明装方式的分配网络的电缆通常由窗户、阳台或门框引入室内，再与用户终端盒相连接，室内布线大部分采用走线槽走线方式、既便于施工，也便于维修，改装，又比较美观。

（2）用户终端盒的安装

用户终端盒（又称用户接线盒），是系统向用户提供信号的装置，通过电缆和系统相连接，有单孔和双孔两种，施工安装时，也有明装和暗装两种方式，无论走暗装还是明装，终端盒的面板是一样的，目前常使用塑料制品。

（3）放大器、分配器和分支器的安装

对于暗装方式，楼房内设置埋入墙内的放大器箱，箱内用来安装均衡器、衰减器、分配器、放大器等部件，各分支电缆通过暗装的穿线管通向各用户终端。电缆在引入楼内时应注意防水处理，并留有一定余量。

明装放大器箱，也以安装在楼内为优先方案，若安装在楼外墙上或阳台上，则要采取必要的防雨水措施。

（4）电缆与系统所用部件的连接

电缆与用户终端盒的连接，暗装方式中电缆与分支器、分配器的连接通常用 Ω 形电缆卡连接法。明装方式中电缆与分配器、分支器的连接通常是通过 F 型电缆接头相连接。在与部件连接时，电缆长度应留有一定的余量。

（5）安装和施工中的防雷、接地及安全防护

安装和施工中的防雷、接地均应符合有关防雷、接地装置的要求。在系统的安装和施工，有许多是高空或户外作业，应确保设备和人生的安全，采取必要的安全防护措施。

参 考 文 献

1 《电气工程师手册》第二版编辑委员会编. 电气工程师手册第二版. 北京：机械工业出版社，2000

2 《建筑施工手册》（第四版）编写组. 建筑施工手册（第四版）. 北京：中国建筑工业出版社，2003

3 胡崇岳主编. 智能建筑自动化技术. 北京：机械工业出版社，1999

4 芮静康主编. 建筑电气工程师手册. 北京：中国建筑工业出版社，2004

5 夏业松、白玉琨、刘剑波编著. 有线电视与光纤传输技术. 北京：中国广播电视出版社，1997

6 刘剑波、李鉴增、王晖、关亚林、牛亚寿编著. 有线电视网络. 北京：中国广播电视出版社，2003

7 王晖、关亚林、王晓路编著. 有线电视测量. 北京：北京广播学院出版社，2001

8 车晴、王京玲编著. 数字卫星广播系统. 北京：北京广播学院出版社，2000

9 方宏一主编. 有线电视宽带多媒体网络. 北京：中国广播电视出版社，2000

10 European Broad casting，European Standard EN300 429 V1. 2. 1. 1997